T0192750

Innovationsförderung für den Wettbewerb der Zukunft

Philipp Plugmann

Innovationsförderung für den Wettbewerb der Zukunft

Wirtschaft. Zukunft. Gesundheit.

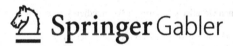

Philipp Plugmann
SRH Hochschule für Gesundheit,
Campus Leverkusen
Leverkusen, Deutschland

ISBN 978-3-658-30126-2   ISBN 978-3-658-30127-9   (eBook)
https://doi.org/10.1007/978-3-658-30127-9

Die Deutsche Nationalbibliothek verzeichnet diese Publikation in der Deutschen Nationalbibliografie; detaillierte bibliografische Daten sind im Internet über http://dnb.d-nb.de abrufbar.

Planung/Lektorat: Isabella Hanser
Springer Gabler ist ein Imprint der eingetragenen Gesellschaft Springer Fachmedien Wiesbaden GmbH und ist ein Teil von Springer Nature.
Die Anschrift der Gesellschaft ist: Abraham-Lincoln-Str. 46, 65189 Wiesbaden, Germany

Geleitwort

Seit dem Beginn der ersten Phase der industriellen Revolution vor 250 Jahren befindet sich unsere Welt in einem schnellen, kontinuierlichen Wandel. Wenn wir selbst nur 100 Jahre auf die Zeit nach dem Ende des Ersten Weltkriegs zurückschauen, bemerken wir, dass heute nahezu alle damaligen Berufe verschwunden sind. Dieser Wandel beschleunigt sich auch immer weiter und hat Auswirkungen auf Unternehmen wie Arbeitnehmer. Nur diejenigen Unternehmen und Arbeitnehmer, die kontinuierlich in Innovation investiert bzw. sich weitergebildet hatten, konnten diese gravierenden Umbrüche überleben.

Kein Tag vergeht, ohne dass wir zum Beispiel den Themen Digitalisierung, Künstliche Intelligenz und Klimawandel begegnen. Auch diese werden umfangreiche, und heute noch nicht vorhersehbare, Auswirkungen auf die Weltwirtschaft, die Unternehmen und Milliarden an Einzelpersonen haben. Insbesondere durch die Digitalisierung hat sich allein in den letzten 10 Jahren die Bedeutung von einzelnen Unternehmen massiv verändert. Vor 10 Jahren waren unter den weltweit 10 größten Unternehmen im Sinne der Marktkapitalisierung mit Apple und Microsoft lediglich 2 datengetriebene vertreten. Heute sind es mindestens 7 (Apple, Microsoft, Alphabet, Amazon, Facebook, Alibaba und Tencent). Wie schnell völlig unerwartete Geschäftsmodelle entstehen können und die gesamte Weltwirtschaft verändern, wird sehr gut in dem Buch *Competing in the Age of AI: Strategy and Leadership When Algorithms and Networks Run the World* der beiden Harvard-Professoren Marco Iansiti und Karim R. Lakhani dargestellt. Dieses Buch möchte ich Ihnen hiermit sehr ans Herz legen. Das Lesen dieses Buches wird sich für Ihren weiteren beruflichen Lebensweg lohnen.

Genauso wird sich die Lektüre des gerade in Ihren Händen befindlichen exzellenten Buchs von Prof. Dr. Dr. Plugmann für Ihren weiteren beruflichen Lebensweg als sehr wichtig herausstellen. Er zeigt Ihnen darin in einzigartiger

Weise auf, wie Sie nachhaltige Innovationsumgebungen aufbauen, wie Sie diese finanzieren können, aber auch wo leider Bürokratie dringend benötigte Innovationen ausbremst. Er stellt diese Ansätze praktisch anhand von einigen Schlüsseltechnologien vor, betrachtet dabei jedoch auch die sich immer weiter verschärfende Konkurrenz aus Asien und lässt darüber hinaus die Diskussion von Langzeitherausforderungen nicht aus.

Mein persönlicher Wunsch ist, dass dieses Buch ebenfalls in die Hände einiger Politiker fällt. Die Politik benötigt dringend ein neues Verständnis von Innovationsförderung, um sicherzustellen, dass Deutschland auch in einigen Jahrzehnten noch ein technologisch führendes Land mit hohem Lebensstandard sein wird. Hierfür müssen die Förderhöhen und die Prüfungsdauer von Förderanträgen massiv verbessert werden. Es ist in dieser hochdynamischen Welt einfach nicht zielführend, dass Antragsteller oft ein halbes bis ein Jahr auf eine Entscheidung warten müssen und die danach bewilligten Fördersummen oft nur einen Bruchteil der ihrer chinesischen oder amerikanischen Wettbewerber betragen. Aus diesem Gesichtspunkt bin ich auch froh, als Professor im Freistaat Bayern forschen und lehren zu dürfen. Die Landesregierung hat den weltweiten Wandel der 1920er-Jahre und darüber hinaus frühzeitig erkannt und investiert beispielsweise in das Thema Künstliche Intelligenz mehr als die Bundesregierung und die restlichen 15 Bundesländer zusammen! Während der Freistaat mittelfristig mehrere Hundert Professuren in diesem Bereich besetzen möchte, hat die Bundesregierung lediglich vor, ca. 100 neue KI-Professuren zu finanzieren. Unter den restlichen Bundesländern scheint das Land Baden-Württemberg führend. Dieses möchte jedoch lediglich ca. 20–30 entsprechende Stellen besetzen. Das ist einfach ungenügend - und das sage ich als gebürtiger Baden-Württemberger!

Ich wünsche Ihnen viel Erfolg bei der Lektüre dieses Werkes und der Umsetzung der darin befindlichen Handlungsempfehlungen.

Regensburg   Prof. Dr. Patrick Glauner
Februar 2020   www.glauner.info

Vorwort

Unsere Gegenwart ist geprägt durch die Corona-Krise, Handelskriege, Strafzölle, Strafzinsen, strategische Firmenübernahmen durch ausländische Investorengruppen, Digitalsteuer, Entlassungen, Brexit und viele globale Herausforderungen im Umweltbereich wie Waldbrände, belastete Luftreinheit, regional hohe Strahlungswerte, Plastikmüll und steigender Meeresspiegel. Zusätzlich bestehen in Zukunft eine drohende Weltüberbevölkerung, eine kritische Situation bei der Welternährung und eine potenziell von Epidemien und multiresistenten Keimen bedrohte Weltgesundheit. Global sind viele wirtschaftliche, soziale und politische Konflikte täglich in den Nachrichten. Die leistungsstärksten Volkswirtschaften gehen auf wirtschaftlichen Konfrontationskurs und streben nach technologischer, finanzieller und kultureller Dominanz. Für diese und andere zukünftige Herausforderungen werden national und global innovative Lösungsansätze benötigt. Innovationen müssen nachhaltig und langfristig gefördert werden, zum gesundheitlichen und wirtschaftlichen Wohl unseres Landes und für die Welt, in der wir alle leben.

Zu dem global zunehmenden Druck, dem der deutsche Mittelstand durch nationalen, europäischen und internationalen Wettbewerb ausgesetzt ist, kam im Jahr 2019 die Industrierezession hinzu, die manche als normale, alle 10 bis 15 Jahre zur Kenntnis zu nehmende moderate Welle des Wirtschaftswachstums einordnen, andere scheinen sich da mehr Sorgen zu machen. Die Rahmenbedingungen für den deutschen Mittelstand verschlechtern sich global betrachtet jährlich, auch weil sich im neuen digitalen Zeitalter die Rahmenbedingungen für viele Länder stetig verbessern, die bisher in einer schlechteren Position waren als wir. Der Digitalisierungsschwung hat durch die virtuelle Vernetzung von Menschen, Maschinen und Unternehmen neue Möglichkeiten eröffnet. Die Geschäftsmodelle verändern eine Industrie nach der anderen, und die Faktoren von Arbeitsstunden, Belastbarkeit und Geschwindigkeit bringen neue Unternehmen an die Spitze, die vor einem Jahrzehnt noch unbekannt waren. Die Dominanz der US-amerikanischen Unternehmen wie Amazon, Facebook, Alphabet, Uber, Microsoft und Apple sind unstrittig. Auch Tesla in der Automobilindustrie mit dem Gründer Elon Musk und weitere weltweite Unternehmensgründungen der letzten Jahre greifen traditionsreiche deutsche Wettbewerber an.

Der in Deutschland zunehmende Fachkräftemangel, nicht besetzte Lehrstellen und Schulabgänger mit Defiziten in Mathematik und Deutsch sind in unserem Land genauso aktuell wie über 10.000 fehlende Lehrer laut Bertelsmann-Studie, noch auszubauende Kita-Plätze und Infrastrukturdefizite durch Investitionsstau, hier exemplarisch unsere Brücken, die Deutsche Bahn und Großprojekte, die im internationalen Vergleich im Zeitlupentempo ihrer Fertigstellung in ferner Zukunft entgegenstreben. Im Gesundheitsbereich fehlen Pflegerinnen/Pfleger, Hebammen, Krankenschwestern und Ärzte. Insbesondere die 24-h-Dienste in Krankenhäusern fordern den Ärztinnen und Ärzten viel ab. Die Digitalisierung des Gesundheitswesens schreitet voran.

So sehr es manchen nun reizt, in dieser herausfordernden Zeit sich fokussiert auf negative Punkte kritisierend zu stürzen, wäre das einfach unproduktiv, und es macht viel mehr Sinn, sich positiv, konstruktiv und kreativ mit der Zukunft und den Szenarien zu beschäftigen, um daraus Handlungsalternativen abzuleiten. An dieser positiven Grundeinstellung soll sich das Buch orientieren. Es wird bereits bei der Innovationsförderung sehr viel seitens der Wirtschaft, Politik und Gesellschaft getan. Jeder von uns muss sich nun selbst fragen, wie er aktiv seinen Beitrag leisten kann.

Der Fokus dieses Buches soll auf die Menschen gerichtet sein, die Unternehmen gründen, aufbauen oder bestehende Firmen transformieren. Leistungserbringung, Unternehmertum und voller Einsatz über viele Jahre, mit finanziellen und persönlichen Risiken, sind nach wie vor eine freiheitliche Entscheidung und Verantwortung, die jedes Individuum für sich treffen muss. Sie sind der Motor unserer Wirtschaft, und wir müssen diese Menschen stärker fördern und unterstützen. Mittelständische Unternehmerinnen und Unternehmer arbeiten täglich daran, den Wohlstand unserer Gesellschaft zu gewährleisten, und sichern damit auch unsere Sozial- und Gesundheitssysteme. Damit auch in Zukunft Menschen, ob jung oder alt, Unternehmen gründen, als Unternehmensnachfolger agieren und innovative Ideen entwickeln, müssen wir langfristig nachhaltig strategisch vorausplanen. Dieses Buch soll einen konstruktiven Beitrag dazu leisten. Alles Jammern hilft nicht, Ideen und Engagement sind gefragt. Wir müssen nach vorne schauen und innovative Produkte, Dienstleistungen und Prozesse etablieren.

Dazu gehören nicht nur technologische, sondern auch soziale Innovationen. Innovative Technologiesprünge und soziale Innovationen müssen Hand in Hand gehen. Es geht hier nicht nur um eine technologische Transformation der Industrie und Gesellschaft, sondern insgesamt um eine nachhaltige Transformation unserer Gesellschaft in einem neuen innovativen und digitalen Zeitalter in ihrem Selbstverständnis. Insbesondere die junge Generation wird in Zukunft gefordert sein, dem harten globalen Wettbewerb standzuhalten, nicht zu weichen und dabei stets soziale Verantwortung zu übernehmen. Dafür müssen diese Individuen auch über eine hohe Resilienz und Motivation verfügen, um mental und körperlich dauerhaft der Last standzuhalten. Die Mentalitätsfrage könnte möglicherweise wichtiger sein als die Geldfrage bei der Gestaltung einer langfristigen Innovationskultur in Deutschland.

Bedanken möchte ich mich bei den Gastkommentatoren Prof. Dr. Patrick Glauner, Prof. Dr. Volker Nestle, Marcel Engelmann, Jannick Peters, Achim Deckel und Jan-Frederik Kremer. Des Weiteren möchte ich mich bedanken bei Dr. Isabelle Hanser, Dr. Angelika Schulz und Lisa Wötzel vom Verlag Springer Gabler für die ausgezeichnete Zusammenarbeit.

Besonders bedanken möchte ich mich bei Prof. Dr. Patrick Glauner für das Geleitwort, mit 30 Jahren einer der jüngsten Professoren für Künstliche Intelligenz in Europa.

Dieses Buch ist für Schüler, Studenten, Doktoranden, Gründer und Unternehmer konzipiert, somit sind die Passagen im Buch teilweise erzählerischer Natur auf Erfahrungen basierend und teils mit wissenschaftlichem Fokus, eben eine gewisse Bandbreite, um allen Zielgruppen das Lesen interessant zu gestalten – eine Mischung aus wissenschaftlichen Perspektiven, anwendungsorientierten praktischen Überlegungen und persönlichen Erfahrungen in akademischen und privatwirtschaftlichen Innovationsumgebungen in zahlreichen Ländern. Dieses Buch soll dem Leser Nutzen bringen und Impulse, sich mit innovativen Ideen einzubringen, vor allem aber viel Motivation mit auf den Weg geben.

Viel Erfolg!

April 2020   Prof. Dr. Dr. Philipp Plugmann MBA M.Sc. M.Sc.
                                                                  SRH Hochschule für Gesundheit
                                                                               Campus Leverkusen
                                                                                          Leverkusen
                                                                                         Herausgeber

Inhaltsverzeichnis

1 Einleitung... 1
   1.1 Marke „Made in Germany" hat Gewicht..................... 1
   1.2 Nur das Ergebnis zählt.................................. 3
   1.3 Realitäten im Alltag und die Relevanz des Wissens............ 4
   1.4 Entwicklung im Innovationsbereich in den vergangenen
      15 Jahren... 6
   1.5 Bürokratie als Hemmfaktor für Innovationen................ 8
   1.6 Fazit und Handlungsoptionen zur Innovationsförderung......... 14
   Literatur... 15

2 Innovationsumgebungen aufbauen als europäische Strategie....... 17
   2.1 Digitale Plattformen.................................... 17
   2.2 Customer Centricity und Innovationskultur.................. 18
   2.3 Schullehrer weiterbilden als Teil der Innovationsförderung....... 20
   2.4 Lebenslang lernende Gesellschaft......................... 21
   2.5 Start-Ups... 23
   2.6 Neue Ideen für Stipendien zur Förderung von Studenten......... 24
   Literatur... 25

3 Schlüsseltechnologien....................................... 27
   3.1 Cybersicherheit und Kryptografie......................... 28
   3.2 Künstliche Intelligenz.................................. 30
   3.3 Biotechnologie und synthetische Biologie.................. 34
   3.4 Smart Factory... 35
   3.5 3D-Druck... 37
   3.6 Matching von Mittelstand und Forschung.................... 40
   Literatur... 44

4   China, Indien und die Frage der Resilienz in Deutschland 47
4.1   China 47
4.2   Indien 49
4.3   Innovationsförderung durch Steigerung der Motivation
      und Resilienz 50
Literatur. 65

5   Risikokapital, Gesundheit und Zukunftsperspektiven 67
5.1   Risikokapital für Innovationen. 67
5.2   Finanzstrategische Angriffe auf Wertschöpfungsketten. 69
5.3   Die unsichtbare Langzeitherausforderung – biologische
      und synthetische Viren 71
5.4   Zukunftsperspektiven. 78
Literatur. 79

Einleitung 1

Nach meinen Unternehmensgründungen im Jahr 1994 (während des Studiums), 2002, 2005 und 2007, und 2 Unternehmensverkäufen im Jahr 2015 folgten Advisortätigkeiten für Start-Ups und mittelständische Unternehmen in der Medizintechnik- und Medizinprodukteindustrie. Aktuell bin ich parallel für eine internationale globale Technologieberatung Senior Advisor im Health Care & Life Science-Bereich tätig, mit Standorten u. a. in den USA, Asien und Europa. Dabei besuche ich weltweit Konferenzen und schaue nach neuen innovativen Start-Ups, mit denen man ins Gespräch kommen könnte. Nach dem Besuch zahlreicher globaler akademischer und privatwirtschaftlicher Innovationsumgebungen und vielen Gesprächen möchte ich Ihnen meine Perspektive zur Innovationsförderung schildern und aufzeigen, wo ich weitere Ansätze sehe.

1.1 Marke „Made in Germany" hat Gewicht

Die Produkte und Dienstleistungen des deutschen Mittelstandes galten seit Jahrzehnten als internationale Topreferenz, und das ist immer noch der Fall. Unstrittig ist, dass andere Länder sich mit unserem Mittelstand auf mehreren Wettbewerbsebenen um die Weltmarktführerschaft in vielen Wirtschaftszweigen duellieren. Ich benutze bewusst diese emotionale Ausdrucksweise in der Hoffnung, einige Entscheidungsträger zeitnah zu sensibilisieren.

Wirtschaftswissenschaftliche Forschungsdesigns sind sehr wichtig, um Muster, Strukturen und Handlungsweisen zu identifizieren und Maßnahmenempfehlungen für unser Wirtschaftssystem zu generieren. Oft ist ein gewisser retrospektiver Forschungscharakter impliziert und hilft, das Geschehene besser zu verstehen. „Case Studies" wie an der Harvard Business School, an der ich einige

© Der/die Herausgeber bzw. der/die Autor(en), exklusiv lizenziert durch Springer Fachmedien Wiesbaden GmbH, ein Teil von Springer Nature 2020
P. Plugmann, *Innovationsförderung für den Wettbewerb der Zukunft*, https://doi.org/10.1007/978-3-658-30127-9_1

Executive-Kurse besuchen durfte, benutzen auch die Retrospektive, es werden zurückliegende Unternehmensentscheidungen verschiedenster Branchen analysiert und diskutiert, um Schlüsse aus diesen Erkenntnissen für die eigene Organisation ableiten zu können.

Der Ansatz dieses Buches ist anders, indem es verschiedene prospektive langfristige Zukunftsszenarien, in der Zeitachse von 20 Jahren skizziert, abgeleitet auch aus der direkten „Vor-Ort-Beobachtung"; ähnlich den Naturforschern, die sich direkt in das Ökosystem des Forschungsobjektes bewegen und versuchen, aus dem direkten „Beobachten & Zuhören" Annahmen abzuleiten. Natürlich sind der Kern und das Fundament unseres Wissens im Bereich rund um Innovationen die wirtschaftswissenschaftlichen Forschungsergebnisse der letzten Jahrzehnte. Das ist der große Rahmen, in dem wir uns bewegen. Ergänzend zu diesem großen Forschungsgerüst möchte ich in diesem Buch meine Beobachtungen und Erfahrungen der letzten 15 Jahre mit Blick auf den Ereignishorizont in 20 Jahren einbauen. Das Ziel des Buches ist es, dem Leser Nutzen zu bringen, indem Forschungsergebnisse und Beobachtungen zu einer effizienteren langfristigen Strategie des eigenen Unternehmens oder Start-Ups beitragen können, unabhängig davon, ob er angestellt oder selbstständig ist.

In den letzten 20 Jahren durfte ich vor Ort auch außereuropäische privatwirtschaftliche und akademische Unternehmen und Innovationszentren besuchen, u. a. in Shanghai, Hongkong, Guangzhou, Shenzhen, Singapur, Tokio, Mumbai, Bangkok, New York, Boston, San Franzisko, Silicon Valley, Toronto, Dubai und Kapstadt. Zusätzlich bin ich als Advisor für nationale und internationale Unternehmen aktiv, aktuell für das globale Technologieberatungsunternehmen DataArt, zu dessen Kunden auch die US-Technologiebörse NASDAQ zählt. Auch durch die 10 Jahre als Lehrbeauftragter der internationalen englischsprachigen Klasse für Innovationsmanagement an der Hochschule Karlsruhe – Technik und Wirtschaft, mit 50 Studenten aus 12 Ländern, erhärtete sich mein Eindruck, dass wir die zukünftigen Unternehmenslenker aus Brasilien, Russland, Indien und China (BRIC-Staaten), neben den ohnehin sehr starken amerikanischen Unternehmern, unterschätzen. Ob das Unterschätzen von globalen Wettbewerbern auf Überheblichkeit, purer Arroganz oder einem starken Selbstbewusstsein gründet, entzieht sich meiner Kenntnis.

1.2   Nur das Ergebnis zählt

Insbesondere für die Schüler und Studenten unter den Lesern möchte ich 3 Erlebnisse schildern, die mich einiges gelehrt haben über die Wettbewerbshärte, die uns umgibt. Bereits als Schüler in der Oberstufe habe ich, gefördert durch unseren Mathematikleistungskurslehrer, am Bundeswettbewerb für Mathematik teilgenommen. Da saß ich also stundenlang abends unter Beobachtung meiner Eltern in der Küche und rechnete. Ich habe alles an Formeln eingesetzt, was ich kannte, und rechnete die gestellten Aufgaben rauf und runter. Als mir mein Mathematiklehrer mitteilte, ich hätte beim Bundeswettbewerb nichts gewonnen, hatte ich innerlich die Hoffnung, er würde mich wenigstens loben, dass ich mehrere Wochen nach der Schule viele Stunden meiner Freizeit eingebracht habe. Dem war nicht so, er sah nur eine klare Niederlage.

An der Universität zu Köln hatte ich im klinischen Studienabschnitt des Zahnmedizinstudiums eine umfangreiche Arbeit angefertigt und war innerlich stolz, sodass ich bei der Abgabe beim Professor sagte, ich hätte mein Bestes gegeben. Er lachte nur und meinte, das könne schon sein, und schaute die ganze Gruppe an, um dann mit lauter Stimme zu sagen, das reiche aber manchmal nicht, es zähle nur das Ergebnis unabhängig vom Aufwand. Bei meiner ersten Firmengründung parallel zum Studium saß ich nach den ersten 24 Monaten mit meiner Steuerberaterin zusammen und war stolz wie Oskar über 10.000 Deutsche Mark Umsatz jährlich, bis sie mir die betriebswirtschaftlichen Auswertungen vorlegte und erklärte, dass die Ausgaben und Einnahmen sich die Waage hielten und das Ergebnis somit summarisch buchhalterisch eine Null sei. 3 Erfahrungen, 1 Erkenntnis: **Nur das Ergebnis zählt!**

Diese Erfahrungen kann sicher jeder von Ihnen nachvollziehen und bestätigen. Wir leben in einer rein leistungs- und ergebnisorientierten Welt. **Es zählt nur das Ergebnis und sonst nichts.** Genauso wird es uns im globalen wirtschaftlichen Wettbewerb zukünftig ergehen. Entweder wir schaffen den Turnaround zu einer hochmotivierten, technologieaffinen, digitalisierten, belastbaren, lebenslang lernenden, innovativen und wettbewerbsfreudigen Gesellschaft oder eben nicht. Für das hoffentlich nicht eintretende Szenario einer Zweitklassigkeit Deutschlands in der globalen Wirtschaftswelt in 20 Jahren werden viele Leistungen und Selbstverständlichkeiten, an die wir uns gewöhnt haben, nicht mehr finanzierbar sein und gestrichen werden. Übrigens auch im Sozial- und Gesundheitssystem. Noch ist Zeit zu reagieren, die Sichtweise weiter zu schärfen und den Kurs unseres Schiffes zu ändern. Wenn also **nur das Ergebnis zählt,** müssen wir unabhängig von gegenwärtigen Rankings über die Innovationsfähigkeit und

Wirtschaftskraft unseres Landes auf der Hut sein, damit wir nicht vor lauter Betriebsblindheit und Selbstzufriedenheit innerhalb von 1 oder 2 Jahrzehnten nur noch die Rückleuchten der globalen Wettbewerber sehen und uns alle fragen, wie so etwas überhaupt passieren konnte.

1.3   Realitäten im Alltag und die Relevanz des Wissens

Wirtschaftswissenschaftlich-theoretisches Wissen hat die globalen Immobilien-krisen, Euro-Krise und Bankenkrise nicht verhindert. Das kann man auch nicht erwarten, denn für diese gravierenden Probleme waren Entscheidungen praktischer Natur in Unternehmen verantwortlich. Die Theorie gründet keine Unternehmen, es sind Menschen, die nach einer freiheitlichen selbstverantwort-lichen Entscheidung ins volle Risiko gehen und sich einer hohen Arbeitslast und finanziellem Dauerdruck aussetzen.

Zu wissen ist wichtig, aber zu handeln entscheidend. Ich habe mich bei der Gestaltung dieses Buches bewusst darauf konzentriert, auf lösungsorientierte handlungsrelevante Punkte einzugehen und dabei die wirtschaftswissenschaft-liche Theorie etwas in den Hintergrund gerückt. Denn das Ziel des Buches ist es zu sensibilisieren und motivieren. Immer unter dem Gesichtspunkt, ob das Wissen in diesem Buch Relevanz hat für die Menschen, die in 20 Jahren, in Unternehmen oder als Unternehmer, die deutsche Wirtschaft gegen die bereits auf Hochtouren laufenden und bevorstehenden wettbewerblichen Angriffe aus China, Indien, USA, Afrika und von Ländern, die wir heute überhaupt nicht auf dem Radar haben, verteidigen können.

Wir haben umfangreich erforscht, dass mehr Unternehmen in Deutschland gegründet werden sollten. Und wir wissen, dass das digitale Netz, die Infra-struktur, Schulen und Hochschulen saniert und ausgebaut werden müssen. Das Wissen um Handlungsnotwendigkeiten setzt nicht zwangsläufig die Umsetzungs-phase in Gang, sodass, wenn diese aus welchen Gründen auch immer unterlassen werden, man mit Konsequenzen rechnen muss.

Ein weiteres Beispiel für die beschränkte Relevanz von Wissen oder gar Irrelevanz von Wissen möchte ich mit Ihnen teilen, damit Sie ein Muster erkennen und verstehen, wie dieses Grundmuster industriesektorenübergreifend insbesondere unter dem Aspekt einer kompetitiven Innovationsförderung zum sinnhaften Bremskraftverstärker werden könnte mit all den Rückkopplungs-effekten, auch für die Finanzierbarkeit der Gesundheitsversorgung unseres Landes. Im Mai 2019 besuchte ich für 4 Tage einen Fortbildungskurs der

Harvard Medical School in Boston (USA) zu präventiver Medizin. Dabei ging es u. a. auch um privaten und beruflichen Stress, Ernährung, Schlaf, Lebensgewohnheiten, sexuelle Aktivität und eine sinnvolle Lebensplanung. Prof. Dr. Dean Ornish, seit Jahrzehnten klinischer Medizinprofessor aus Kalifornien, eröffnete morgens um 8 Uhr den Kongress mit einem Spruch „bevor wir uns gut um unsere Patienten kümmern können, müssen wir uns zuerst um uns kümmern". Ich dachte, das hätte ich als Begrüßung vielleicht nicht gesagt, aber die erste Folie, die vor den etwa 300 Teilnehmern präsentiert wurde, machte alles klar: Seit Jahren liegen bei amerikanischen Krankenhausärzten und niedergelassenen Ärzten die Selbstmordzahlen bei 400–500 jährlich, und der Prozentsatz der im amerikanischen Gesundheitswesen tätigen Leistungsträger (Pfleger, Krankenschwestern, Ärzte), die in ihrer Laufbahn mindestens einmal wegen Depressionen, Burnout und Isolationszuständen ärztlich behandelt wurden, lag bei über 50 %. Das ist Fakt. Die Zahlen für Deutschland und Europa erspare ich Ihnen an dieser Stelle. Wenn die im Gesundheitswesen Tätigen mit all ihrem Wissen ungeschützt zu sein scheinen, wie ist es mit diesen Phänomenen erst in allen anderen gesellschaftlichen Bereichen? Auch hier ist das Wissen kaum oder nicht relevant, da aus dem Wissen und den Erkenntnissen keine signifikanten Handlungen abgeleitet, geplant und umgesetzt werden. Das Muster der unterlassenen Maßnahmen bei vorliegenden Fakten findet sich scheinbar in weiten Teilen unserer heimischen Industrien. Ob versehentlich, fahrlässig oder vorsätzlich, im Ergebnis ist es, wie mein Mathematiklehrer sagte, summarisch eine Null. Dass wir uns bemüht haben, so würde es mein damaliger Universitätsprofessor beschreiben, reicht manchmal nicht. Und mit unserer Wirtschaft wird es in einem 20-Jahres-Szenario bergab gehen, wenn wir aus dem vor uns auf dem Tisch liegenden Wissen keine Handlungsoptionen ableiten und diese zügig umsetzen. Die Zeit drängt. Die Vergangenheit ist vorbei, es bleibt nur die Gestaltung der langfristigen Zukunft. Auf den Schultern unserer Kinder und Kindeskinder ruhen alle Hoffnungen, und ihnen müssen wir einen zukunftsgerechten Weg vorbereiten, damit sie eine realistische Chance haben, den ergebnisorientierten globalen Wettbewerb zu gewinnen oder zumindest sich in der Spitzengruppe nachhaltig zu behaupten. Dafür brauchen wir eine nachhaltige wirtschaftspolitische, unternehmerische und gesellschaftliche Innovationsförderung für den Wettbewerb der Zukunft.

1.4   Entwicklung im Innovationsbereich in den vergangenen 15 Jahren

Um die gegenwärtigen Entwicklungen und Aktivitäten auf Seiten der Politik und Wirtschaft besser einordnen zu können, muss man sich die Situation bezüglich der Innovationsstrategien vor 15 Jahren anschauen, also die Zeiten, bevor man ernsthafte Wettbewerber in den heutigen dominierenden US-amerikanischen oder asiatischen Tech-Riesen sah. Damit kann man die Veränderungen seit diesem Zeitpunkt nachvollziehen und ein Gefühl dafür entwickeln, wie die realistischen Umsetzungseffizienzgrade der heutigen Aktivitäten dann im Jahr 2035 oder 2040 voraussichtlich zu erwarten sind.

Deutschlands gegenwärtige wirtschaftliche Position und Zukunft hängt heute im Jahr 2020 wie vor 20 Jahren bekanntlich von den Leistungen des Mittelstandes im globalen Wettbewerb ab (DIW Studie 2008), und als Exportnation sind wir darauf angewiesen, in fremde Länder Produkte und Dienstleistungen zu verkaufen. Insbesondere die Innovationsfähigkeit der Unternehmen kann im internationalen Wettbewerb durch die Entwicklung neuer Produkte und Dienstleistungen einen wichtigen Beitrag leisten, diesen Status quo aufrechtzuerhalten.

Es gab jedoch vor über 12 Jahren bereits erste Frühwarnzeichen, dass die Rahmenbedingungen, die Umgebung, die Bildung und die Finanzmittel hinsichtlich Innovation in Deutschland zunehmend schlechter wurden und Deutschland im internationalen Vergleich fern von einer Spitzenposition war. Die damals im Jahr 2008 vom renommierten DIW-Institut (Deutsches Institut für Wirtschaftsforschung e. V.), Berlin, herausgegebene Studie „Rückstand bei der Bildung gefährdet Deutschlands Innovationsfähigkeit" zeigte ein Stärken-Schwächen-Profil auf. Das ist jetzt 12 Jahre her, und Sie können sich jetzt Ihr eigenes Bild machen, ob im Jahr 2020 Fortschritte erzielt wurden.

Während bei den Stärken die Einführung von neuen Produkten in die Märkte (DIW Studie 2008, S. 717) und die Vernetzung der Forschung mit der außeruniversitären und der Hochschulforschung genannt wurden, wurde als größte Schwäche der Bereich der Bildung (Platz 15 von 17 Industrieländern im Vergleich) genannt. Die Autoren sahen hier die Gefahr, dass die zukünftige Innovationsfähigkeit erodieren könnte, wenn es nicht gelingen würde, genügend gut ausgebildete Menschen für das Innovationssystem zur Verfügung zu stellen. Andere Schwächen lagen bei der Finanzierung von Innovation, insbesondere bei der Bereitstellung von Risikokapital für Unternehmensgründungen. Auf den weiterhin aktuellen Punkt, stärker in Innovationsaktivitäten zu investieren und die Akzeptanz für Risikokapitel zu erhöhen, gehe ich in Kap. 5 genauer ein.

Besonders gravierend wurde laut dieser DIW-Studie (2008) das kulturelle Innovationsklima beurteilt, darunter verstehen die Autoren die Einstellung der Menschen zu Veränderungen und Neuerungen, die Bereitschaft, Risiken einzugehen und gemeinsam an neuen Lösungen zu arbeiten. Die Risikobereitschaft bei Unternehmensgründungen in Deutschland belegte in diesem internationalen Vergleich sogar den letzten Platz. Abschließend bemängelte die Studie (S. 724) die Versorgung mit sehr gut ausgebildetem Personal durch das Bildungssystem, welches in Deutschland zu wenige tertiär gebildete Absolventen produziere. Bekanntlich ist die Einstellung der Menschen ein Mentalitätsproblem und kein Geldproblem. Und wenn es kein Geldproblem ist, sind weitere Faktoren relevant. Auf den Punkt Einstellung, Motivation und Resilienz möchte ich später in Kap. 4 detaillierter eingehen.

Man sollte einzelne Studien nicht überbewerten, aber wenn ein Industrieveteran das ähnlich einschätzt, sollten die Alarmglocken schrillen. Hasso Plattner, SAP-Mitbegründer, zitierte zu jener Zeit in seinem Buch „Design Thinking" (Plattner et al. 2009), genau diese DIW-Studie und zählte auf mehreren Seiten die Ergebnisse auf. Auch die Aktivitäten des BMBF hinsichtlich Innovationsstrategie (BMBF 2012), High-Tech Offensive (BMBF 2019) und Forschungsstrategien (BMBF 2008, 2009, 2012, 2014) zeigten bereits vor über 10 Jahren auf, dass die Innovationsstärke Deutschlands im internationalen Vergleich ausbaufähig ist. Die in der DIW-Studie in den Jahren 2007, 2008 und 2009 allseits angesprochene Schwäche im Bildungssystem würde, so der damalige Tenor aus der Industrie, Jahre benötigen, um eine Systemverbesserung herbeizuführen. Es würde Jahre dauern, bis diese gebildeten Akademiker den deutschen Unternehmen zur Verfügung stehen würden. Dies war die damalige Zukunftsbetrachtung.

Die ab 2012 angekündigten Massenentlassungspläne von Siemens (15.000 Mitarbeiter), der Deutschen Telekom (8000 Mitarbeiter), EADS (5800 Mitarbeiter), E.on und RWE (13.000 Mitarbeiter seit 2011) und ThyssenKrupp (2000 Mitarbeiter) zeigten sich dann folgend als Auswirkungen des internationalen Wettbewerbes auf deutsche Unternehmen (Zeit Online 2013). Die kürzlich im Jahr 2019 veröffentlichten Pressemeldungen zu Entlassungen, Lohnkürzungen, Reduzierungen von betrieblichen Pensionen gemischt mit dem Dieselskandal, den Rückrufaktionen der deutschen Automobilindustrie und die fehlende notwendige Infrastruktur in Städten für E-Autos samt Problemen bei der Sicherstellung der Energieversorgung für viele E-Autos könnte nur eine Zwischenphase sein, bevor es wieder bergauf geht, oder eben eine langfristige Abwärtsbewegung. Auch andere Branchen in Deutschland und Europa ziehen mit Entlassungen nach. Selbst wenn es wieder etwas bergauf gehen sollte, ist diese Phase ein Warnschuss.

1.5   Bürokratie als Hemmfaktor für Innovationen

Das endlose Klagen über Bürokratie hat immer 2 Gesichter. Wenn man Unterlagen benötigt, Anträge einreicht oder rechtliche Beschwerden einlegen möchte, kann man sich immer auf unser nationales Verwaltungssystem verlassen. Man schätzt sehr die akkurate, nachvollziehbare und verlässliche Arbeitsweise der Ämter und Behörden. Gleichzeitig beschwert man sich über zu viele Regelungen, Verordnungen und Gesetze, die den Unternehmen von ihrer Kernkompetenz, dem Erforschen, Entwickeln und Verkaufen innovativer Produkte und Dienstleitungen, Zeit-, Personal- und Finanzressourcen abziehen. Es ist schwer, die goldene Mitte zu finden, und die folgenden Beispiele aus unterschiedlichen Industrien sollen Ihnen einfach ein Gefühl vermitteln, was gemeint ist, wenn Unternehmen weniger Bürokratie fordern.

1.5.1   Beispiel Medizintechnikindustrie

Da ich aus dem Gesundheitswesen komme und seit 20 Jahren als Zahnarzt tätig bin, aber auch als ehemaliger Humanmedizinstudent an der Universität zu Köln, der sein Medizinstudium zwar nicht zu Ende verfolgt hat, aber immer am Puls der innovativen medizinischen Verfahren und Technologien geblieben ist, habe ich ein besonderes Augenmerk für die Wissenschaft und Innovationen in der Medizin und der Medizintechnik. Exemplarisch möchte ich daher die Medizintechnikindustrie herausheben, jedoch im Kern werden Sie ein Muster erkennen, welches sich recht ähnlich durch alle Branchen zieht. Aus diesem Muster kann man Handlungsoptionen ableiten.

Der deutsche Industrieverband für Optik, Photonik, Analysen- und Medizintechnik Spectaris kritisierte bereits im Oktober 2013 die Medizinprodukte-Verordnung der EU, und in den Folgejahren wuchs in dieser Industrie die Unruhe (Doelfs 2018). Spectaris äußerte sich, die deutsche Medizintechnikindustrie sei „geschockt" und „zutiefst besorgt" über den Entwurf der „neuen Medizinprodukte-Verordnung des Europäischen Parlements". Spectaris kritisierte, dass sich scheinbar viele der verantwortlichen Parlamentarier der Auswirkung auf die mittelständischen Medizintechnikunternehmen nicht bewusst wären, und dieser administrative Hürdenlauf der 21 Zulassungsausschüsse die Wettbewerbsfähigkeit der deutschen Medizintechnikindustrie gefährde (Doelfs 2018). Diese damalige Kritik des Branchenverbandes unterstrich die erschwerten Rahmenbedingungen, denen sich die Innovationsteams in den deutschen Unternehmen stellen mussten.

Die Einschätzung des Fachverbandes SPECTARIS wurde untermauert in der Studie von VDE und BMBF (2008), bei der die „Identifizierung von Innovationshürden in der Medizintechnik" untersucht wurden (BMBF+VDE 2008). Diese Studie war im Nachgang der Vorgängerstudien von 2002 und 2005 zur Aktualisierung der Situation in der Medizintechnik erarbeitet worden. Das Studiendesign sah vor, 45 Experten aus unterschiedlichen Bereichen der Medizintechnik zu befragen. Es wurden auch Fallbeispiele dargestellt, u. a. die „Dental-Navigation (Fallbeispiel 9)" (BMBF+VDE 2008, S. 119), um die Innovationshürden in unterschiedlichen Bereichen der Medizintechnik besser veranschaulichen zu können.

Bei der Zusammenfassung der Experteninterviews wurde dargelegt (BMBF+VDE 2008, S. 4–8), dass die Entwicklung neuer technischer Produkte und Dienstleistungen in der Medizintechnik sehr kostenintensiv und komplex sei. Die Unternehmen sahen, dass der Gesamtprozess von der Idee bis zur Refinanzierung eines Medizinproduktes im deutschen Markt immer länger wurde. Es wurde angeführt, dass insbesondere kleinere Unternehmen dieser Entwicklung lediglich mit begrenzten finanziellen Möglichkeiten begegnen könnten und diese Hemmnisse im medizintechnischen Innovationsprozess stärker zunehmen würden. Die Expertenbefragungen dieser Studie ergaben auch, dass einerseits der gesamte Finanzierungsaspekt mit den Erstattungsproblemen durch die GKV und andererseits die Verfügbarkeit von hoch und vor allem interdisziplinär qualifiziertem Personal in nahezu allen Phasen des Innovationsprozesses zukünftig große Herausforderungen darstellen werden.

Die DIW-Studie (2008) und VDE/BMBF-Studie (2008) belegten bereits vor 12 Jahren, dass deutsche Unternehmen in der Zukunft noch stärker bei der Zusammenstellung, Führung und Erfolgsmessung von Innovationsteams gefordert würden, um Performance zu liefern. Dabei würde die Refinanzierungsstrategie dieser Unternehmen parallel zum Personalproblem eine große Herausforderung sein. Schlussfolgernd sei die Leistungsfähigkeit der Innovationsteams in den Unternehmen ein wesentlicher Faktor für das Überleben der Unternehmen am internationalen Markt.

Es wird aber auch klar, hier am exemplarischen Beispiel der Medizintechnikindustrie, dass nur ein **europäischer Gesamtansatz im Innovationsbereich** zukünftig verfolgt werden kann, um die europäische Wettbewerbskraft gegenüber den großen Konkurrenten aus Asien und den USA langfristig auszubauen. Es bedarf einer **gemeinschaftlichen europäischen Gesamtanstrengung,** und nationale Alleingänge wären langfristig eine riskante Strategie, die Asien und den USA als große Konkurrenten in die Hände spielen würde. Deshalb ist Europa das

Beste, was wir haben, um Frieden, Wettbewerbsfähigkeit und soziale Balance langfristig im Kontext eines harten globalen Wettbewerbs abzusichern. Wie die Situation nun 12 Jahre später im Jahr 2020 aus der Perspektive der Bedenken aus dem Jahr 2008 ist, kann uns ein gutes Gefühl geben, wie wahrscheinlich wir die Vorsätze für die Zukunft umsetzen werden. Spectaris hat im September und Oktober 2019 für den Bereich der Medizintechnik im deutschen Industrieverband folgende Positionspapiere und Stellungnahmen abgegeben:

Bei den „Informationen zu den Auswirkungen der Medizinprodukteverordnung (MDR)" wird kritisiert: „…hakt es auf Grund diverser Faktoren bei der Implementierung der MDR, was verheerende Auswirkungen auf die Versorgung mit Medizinprodukten nach dem 26. Mai 2020 haben kann." Weiter wird thematisiert:

„Aktuell, d. h. etwa sieben Monate vor dem Geltungsbeginn der MDR, stehen den Unternehmen europaweit lediglich fünf Benannte Stellen (Stand Oktober 2019) für die Marktzulassung ihrer Medizinprodukte unter der neuen MDR zur Verfügung (zum Vergleich: derzeit haben wir in der EU 58 Benannte Stellen unter den Richtlinien MDD/AIMDD). Diese geringe Anzahl an Benannten Stellen ist alarmierend. Denn die bisherigen Benannten Stellen haben weder die personellen Kapazitäten, noch können sie alle vorhandenen Produktgruppen abdecken."

Dies zeigt, dass den geforderten Standards und Prozessen seitens der Administration nicht zeitgleich das Personal und die Finanzmittel zur Verfügung gestellt werden, die es braucht. Es werden bürokratische Texte geschrieben, ohne die Strukturen dafür zu schaffen und umzusetzen.

Spectaris beklagt weiter: „…Im Rahmen der „Warenlager-Regelung" können Produkte, die vor dem 26. Mai 2020 gemäß den früheren Richtlinien rechtmäßig in Verkehr gebracht wurden, weiter bis zum 27. Mai 2025 auf dem Markt bereitgestellt oder in Betrieb genommen werden. Die Regelung setzt allerdings voraus, dass das betreffende Produkt vor dem 26. Mai 2020 *physisch* in der Union *vorhanden ist*. Dies bedeutet, dass die Hersteller vor dem 26. Mai 2020 ausreichend große Lager mit diesen Produkten füllen müssten, was in der Praxis, unter anderem aus logistischen Gründen, kaum realisierbar und längst nicht bei allen Medizinprodukten möglich ist."

Mit dem Zwischenfazit „Forschungs- und Innovationsstandort Deutschland gefährdet" und dem Hinweis auf regulatorische Hemmnisse im Zusammenhang des Handels von Medizintechnikprodukten mit den USA wird die Unzufriedenheit der Medizintechnikbranche deutlich. Auch die Spectaris-Stellungnahme zum Gesetzentwurf der Bundesregierung für bessere Versorgung durch Digitalisierung und Innovation (Digitales Versorgung-Gesetz – DVG) hat viele Änderungsvorschläge.

Aus Gesprächen mit Industrievertretern auf Konferenzen und Messen ist mancherorts durch die Flut an Verordnungen, Vorgaben und Sanktionsandrohungen eine zunehmende Resignation erkennbar und Firmeninhaber denken vermehrt über Verkaufsstrategien nach, sei es an ausländische Investoren oder Management-buy-outs. Dazu kommen verhältnismäßig hohe Steuerabgaben im internationalen Bereich. Wenn ich mir anschaue was sich seit der DIW-Studie 2008 und heute im Jahr 2020 verbessert hat, scheint es eine Zunahme an deutscher und europäischer Bürokratie zu geben gemischt mit einer beginnenden Demotivation von Unternehmenslenkern. Das mag heute nicht spürbar sein, aber langfristig natürlich schon.

Als Optimist denke ich diese negativen Implikationen können verändert werden. In Zeiten in denen sich alle deutschen Industrien mit neuen Wettbewerbern, veränderten Geschäftsmodellen und einem freien Fluss von Wissen und Informationen auseinandersetzen, sollte man Freiräume geben, damit das Unternehmertum weiterhin Spaß macht. Versetzen Sie sich einfach in die Lage der Unternehmerinnen und Unternehmer, die auf ein Szenario zusteuern, in dem die Hidden Champions aus den USA und Asien kommen und die digitale Transformationsgeschwindigkeit zunimmt.

1.5.2 Beispiel Biotechnologie

Der Vereinigung Deutscher Biotechnologie-Unternehmen (VBU) wurde 1996 gegründet (VBU-Webseite). Auf der Webseite der VBU ist beschrieben, dass sie Teil der Fachgemeinschaft Biotechnologie der DECHEMA ist und VBU-Mitglieder automatisch Mitglieder der DECHEMA sind. Die DECHEMA Gesellschaft für Chemische Technik und Biotechnologie e. V. führt Fachleute unterschiedlicher Disziplinen, Institutionen und Generationen zusammen, um den wissenschaftlichen Austausch in chemischer Technik, Verfahrenstechnik und Biotechnologie zu fördern. Die Deutsche Industrievereinigung Biotechnologie (DBI) kritisierte 2018 die pauschale Gentechnikdefinition des EuGH (Presseportal) zu Genom-Editing, sie würde Innovationen blockieren. Im Detail kritisiert wurde die Entscheidung zur rechtlichen Einordnung molekularbiologischer Methoden („Genom-Editing"). „Die Richter entschieden, dass mit Genom-Editing bei jeder Anwendung **gentechnisch veränderte Organismen (GVO)** entstehen, auch wenn ihr Erbmaterial von natürlichen Varianten oder konventionellen Züchtungsergebnissen nicht zu unterscheiden ist." Der DIB, so heißt es in der benannten Pressemitteilung, sieht darin eine pauschale Ausweitung der europäischen

GVO-Richtlinie. Dadurch würde das Innovationspotenzial für Landwirtschaft und Medizin blockiert.

Zu diesem EuGH-Urteil äußerte sich (Presseportal) Ricardo Gent, Geschäftsführer der Deutschen Industrievereinigung Biotechnologie (DIB), wie folgt: „Das Urteil ist eine sehr schlechte Nachricht für Pflanzenzüchter, Arzneimittelforscher und Hersteller biobasierter Chemikalien. Hochinnovative Methoden wie Crispr/Cas werden überreguliert, ohne dass dies wissenschaftlich gerechtfertigt wäre." Er äußerte die Befürchtung, dass, wenn die Politik die Anwendung von „Genome-Editing" auf dieser Grundlage einschränken würde, Deutschland und Europa gegenüber Ländern wie China und USA in allen Bereichen der Biotechnologie ins Hintertreffen geraten würden.

Dazu muss man sich kurz damit beschäftigen, was die GVO-Verordnung eigentlich definiert. Im Amtsblatt der Europäischen Gemeinschaften steht unter „RICHTLINIE 2001/18/EG DES EUROPÄISCHEN PARLAMENTS UND DES RATES vom 12. März 2001 über die absichtliche Freisetzung genetisch veränderter Organismen in die Umwelt und zur Aufhebung der Richtlinie 90/220/ EWG des Rates" (RICHTLINIE 2001/18/EG) in Artikel 1, es gelte das Vorsorgeprinzip, und in der Präambel unter Punkt 4: „Lebende Organismen, die in großen oder kleinen Mengen zu experimentellen Zwecken oder in Form von kommerziellen Produkten in die Umwelt freigesetzt werden, können sich in dieser fortpflanzen und sich über die Landesgrenzen hinaus ausbreiten, wodurch andere Mitgliedstaaten in Mitleidenschaft gezogen werden können. Die Auswirkungen solcher Freisetzungen können unumkehrbar sein."

Die Absicht, dem Vorsorgeprinzip zu folgen ist nachvollziehbar und der europäische Raum soll geschützt werden. Diese rechtliche und moralischethische Entscheidung ist ein hoher Standard, ein Wert und ein Standpunkt. Jedoch hat diese Rechtsposition der Europäischen Gemeinschaften im Kontext des globalen Wettbewerbes einen Preis. Und die vom Geschäftsführer des DIB, Ricardo Gent, angesprochenen Innovationshemmnisse für die Biotechnologie-Industrie und der erwartete Rückstand gegenüber Asien und den USA müssen im gleichen Atemzug berücksichtigt werden. Klar ist auch, dass durch Reisende aus aller Welt, die täglich nach Europa kommen, man sich vor den biologischen und biotechnologischen Veränderungen in der Welt nicht abschotten kann. Aufgrund des globalen Handels und der Reisefreiheit kann nicht verhindert werden, dass biotechnologische Produkte nach Europa kommen.

1.5.3 Beispiel Maschinen- und Anlagenbau

Der Verband Deutscher Maschinen- und Anlagenbau (VDMA), mit rund 3200 Mitgliedern Europas größter Industrieverband, stellt mit seiner Position „Deutschland braucht ein Schulfach Technik" einen weiteren Kritikpunkt in den Mittelpunkt. Die Schule als Vorbereiter auf das spätere Berufsleben wird in den Mittelpunkt gerückt. Hartmut Rauen, stellvertretender VDMA-Hauptgeschäftsführer sagte: „Es ist nicht akzeptabel, dass technische Bildung in den meisten Bundesländern nur ein Nischendasein führt. Wir brauchen ein verpflichtendes Schulfach Technik in allen Schulformen". Des Weiteren merkt der VDMA kritisch an, dass eine aktuelle VDMA-Untersuchung gezeigt habe, dass „die überwiegende Mehrheit der jungen Leute die Schule abschließen kann, ohne je mit ausgewiesener Technikbildung in Berührung zu kommen. Das kann sich die Techniknation Deutschland eigentlich nicht leisten." Die Position des VMDA stütze sich auf die Erkenntnis, dass technische Innovationen die entscheidende Grundlage für den wirtschaftlichen Erfolg und den Wohlstand in Deutschland seien.

Der VDMA sieht für die Zukunft sehr große Herausforderungen, die wie folgt beschrieben werden: „Allein im deutschen Maschinen- und Anlagenbau arbeiten heute mehr als 1,3 Mio. Menschen. Um immer wieder technische Innovationen hervorzubringen, brauchen wir gut ausgebildete Fachleute. Durch die demografische Entwicklung – weniger junge, mehr ältere Menschen – steuert Deutschland allerdings auf ein Fachkräfte-Problem zu. Darüber hinaus durchdringt Technik, insbesondere durch die Digitalisierung, heute alle Lebensbereiche. Herausforderungen wie der Klimawandel, die zunehmende Weltbevölkerung oder die Energiefrage sind ohne technische Lösungen nicht zu meistern. Technik geht uns alle an."

Des Weiteren werden die Lebensweise und Einstellung der heutigen Schüler kritisch beurteilt: „Doch junge Menschen beschäftigen sich in ihrer Freizeit kaum noch mit technischen Fragestellungen. Vorbei ist die Zeit, in der sie zu Hause am Moped rumgeschraubt oder ein Radio auseinandergenommen und wieder zusammengebaut haben. Jugendliche bedienen heute Computer, Smartphone oder E-Roller selbstverständlich, aber wie die Technik dahinter funktioniert, wissen die wenigsten."

Hier muss man gegenhalten, dass die Alltagsrealität von Jugendlichen im Jahr 2020 nicht der aus dem Jahr 1985 entspricht. Spielkonsolen, Chats und kreative Inhalte auf sozialen Medien zu posten prägen die Jugend. Es wird anders gelernt, und es werden ständig technologische Produkte benutzt und angewendet. Das zu kritisieren ist ein Recht, aber man muss proaktiv der Realität ins Auge schauen und den Schülern, auch ohne Technologieverständnis, attraktive Ausbildungs- und Arbeitsangebote machen. Parallel muss das Technologieverständnis in die Schulprogramme integriert werden, und man kann über extracurriculare Lern- angebote mit Incentives nachdenken, beispielsweise für das Anschauen von 10 vom VDMA vorgegebenen Youtube-Tecnikvideos eine kostenlose Eintrittskarte für einen Science-Fiction-Film oder ein Technologiemuseum als Gewinn aus- zuschreiben. Man sollte in der Ansprache der jungen Menschen kreativ werden die mit der digitalen Zeit einhergehenden Chancen nutzen, die Aufmerksamkeit dieser Zielgruppe zu erreichen. Das wird auch Investitionen nach sich ziehen, aber alle Branchen müssen in diesen Zeiten der digitalen teilweise chaotisch erscheinenden Veränderungen investieren.

Der VDMA mahnt weiter an: „Diese Entwicklung macht den Maschinen- und Anlagenbauern zu schaffen. Immer mehr ausbildende Unternehmen haben Schwierigkeiten, ihre Ausbildungplätze zu besetzen. Viele Betriebe vermelden einen deutlichen Rückgang bei den Bewerbungen. Und sie bemängeln – neben Wissenslücken in Mathematik – vor allem fehlendes Technikverständnis bei den Jugendlichen."

Da ist sicher eine bessere Verzahnung zwischen Industriewünschen und Schule zu diskutieren. Aber auch die Berufsziele der Jugendlichen ändern sich. Manche möchten lieber 10 Stunden am Computer im Büro arbeiten als am Band. Und der Wunsch zu studieren hat weiterhin Hochkonjunktur. Für die Industrie wird es jetzt wichtig, sich nicht nur auf die Lehre oder dualen Ausbildungsangebote zu verlassen, sondern neue Ausbildungsformate auszuprobieren und phasenweise zu experimentieren. Das an sich wäre auch ein innovativer Prozess.

1.6   Fazit und Handlungsoptionen zur Innovationsförderung

Die 3 exemplarischen Industriebereiche Medizintechnik, Biotechnologie und Maschinen- und Anlagenbau zeigen Innovationshemmnisse durch Bürokratie, Gesetzgebung und fehlende Finanzmittel auf. Eine Verzahnung mit den Schulen sollte Technikfächer stärker berücksichtigen. Die europäischen Rechte, die Interessen der Wirtschaft und die Wettbewerbsfähigkeit der Industrien stellen unter dem Anspruch hoher sozialer und ethischer Standards eine Herausforderung für alle Beteiligten, Institutionen und Entscheidungsträger dar.

Eine **zukunftsgerichtete Innovationsförderung für den Wettbewerb der Zukunft** muss den Mittelstand in den Bereichen Verordnungen, Steuern und Sanktionsandrohungen entlasten. Ebenso sollten Gesetzgebung und Finanzierungsregularien überdacht werden. Die sog. „Luft zum Atmen" wird zukünftig große deutsche Konzerne motivieren können, ihre nächsten Forschungszentren in Deutschland zu bauen und nicht in Manchester (GB), Mumbai (Indien) oder Sao Paulo (Brasilien).

Andere Länder arbeiten auch daran, ein investitionsfreundliches Klima zu schaffen, somit steht unser Wirtschaftsstandort bei der Attraktivität für Investoren im Jahr 2020 in einem harten globalen Wettbewerb. Diese Aufgabe ist inzwischen auch eine **gesamteuropäische Herausforderung.**

Literatur

BMBF+VDE. (Oktober 2008). *Identifikation von Innovationshürden in der Medizintechnik*, im Auftrag des BMBF. Berlin.

Bundesministerium für Bildung und Forschung. (2008). Identifikation von Innovationshürden in der Medizintechnik. Bundesministerium für Bildung und Forschung, Berlin. https://docplayer.org/20171218-Studie-zur-identifizierung-von-innovationshuerden-in-der-medizintechnik.html. Zugegriffen: 6. Okt. 2019.

Bundesministerium für Bildung und Forschung (BMBF). (2012). Referat Grundsatzfragen der Innovationspolitik, High-Tech-Strategien.

Bundesministerium für Bildung und Forschung (BMBF). (2014). Horizont 2020 im Blick, Informationen zum neuen EU-Rahmenprogramm für Forschung und Innovation.

Bundesministerium für Bildung und Forschung und Verband der Elektrotechnik, Elektronik und Informationstechnik. (2009). Identifizierung von Innovationshürden in der Medizintechnik.

DIW-Studie. (2008). Berlin, DIW-Institut (Deutsches Institut für Wirtschaftsforschung e. V.). Berlin, herausgegebene Studie „Rückstand bei der Bildung gefährdet Deutschland".

Doelfs, G. (2018). Medizintechnikbranche: Die Unruhe wächst. *Kma-Das Gesundheitswirtschaftsmagazin, 23*(11), 62–63.

Plattner, H., Meinel, C., & Weinberg, U. (2009). *Design-thinking*. Landsberg am Lech: Mi-Fachverlag.

RICHTLINIE 2001/18/EG_DES EUROPÄISCHEN PARLAMENTS UND DES RATES vom 12. März 2001 über die absichtliche Freisetzung genetisch veränderter Organismen in die Umwelt und zur Aufhebung der Richtlinie 90/220/EWG des Rates.

Weiterführende Literatur

Blumrich, M. A., Chen, D., Chiu, G. L., Cipolla, T. M., Coteus, P. W., Gara, A. G., Takken, T. E., et al. (2009). U.S. Patent No. 7,555,566. Washington, DC: U.S. Patent and Trademark Office.

BMBF+VDE. (2009). *Identifizierung von Innovationshürden in der Medizintechnik*, Bonn.

BMWi. https://www.bmwi.de/Redaktion/DE/Dossier/innovationspolitik.html. Zugegriffen: 8. Okt. 2019.

Bundesministerium für Bildung und Forschung (BMBF). (2010). Ideen. Innovation. Wachstum. *Hightech-Strategie 2020 für Deutschland, Referat Innovationspolitische Querschnittsfragen, Rahmenbedingungen.* Bonn-Berlin.

Bundesministerium für Bildung und Forschung. (2012). *Referat Grundsatzfragen der Innovationspolitik. High-Tech-Strategien.* Berlin: Bundesministerium für Bildung und Forschung (BMBF).

Bundesministerium für Bildung und Forschung. (2014a). Horizont 2020 im Blick. Informationen zum neuen EU-Rahmenprogramm für Forschung und Innovation. https://www.bmbf.de/pub/Horizont_2020_im_Blick.pdf. Zugegriffen: 28. März 2018.

Bundesministerium für Bildung und Forschung. (2014b). Die neue Hightech-Strategie Innovationen für Deutschland. https://www.bmbf.de/pub_hts/HTS_Broschure_Web.pdf. Zugegriffen: 6. Okt. 2019.

Gemünden H. G., Salomo S., & Hölzle K. (2007). Role models for radical innovations in times of open innovation. *Journal of Creativity And Innovation Management, 16*(4), 408–421.

Healthcaremarketing. http://www.healthcaremarketing.eu/publicaffairs/detail.php?rubric=Publ ublic+Affairs&nr=23930-abgerufen. Zugegriffen: 6. Okt. 2019.

Mathe Wettbewerbe. https://www.mathe-wettbewerbe.de/bwm/. Zugegriffen: 6. Okt. 2019.

Presseportal. https://www.presseportal.de/pm/20949/4017709. Zugegriffen: 12. Okt. 2019.

Ständige Senatskommission für Grundsatzfragen der Genforschung der Deutschen Forschungsgemeinschaft Permanent Senate Commission on Genetic Research of the German Research Foundation. Synthetische Biologie/Synthetic Biology : Standortbestimmung Position Paper.

VBU. http://v-b-u.org/Wer+wir+sind/Aktivitäten+und+Ziele-p-2355.html. Zugegriffen: 17. Feb. 2020.

VBU. http://v-b-u.org. Zugegriffen: 18. Febr. 2020.

VDMA. https://www.vdma.org. Zugegriffen: 6. Okt. 2019.

VDMA. https://www.vdma.org/v2viewer/-/v2article/render/42376582. Zugegriffen: 6. Okt. 2019.

Zeit. http://www.zeit.de/wirtschaft/unternehmen/2013-09/siemens-stellenabbau-2. Zugegriffen: 6. Okt. 2019.

Zeit. http://www.zeit.de/wirtschaft/unternehmen/2013-12/telekom-entlassungen-verdi. Zugegriffen: 6. Okt. 2019.

Innovationsumgebungen aufbauen als europäische Strategie

2

Die neuen digitalen Geschäftsmodelle verändern die Spielregeln, nach denen manche Unternehmenslenker die letzten 20 Jahre gearbeitet haben. Man muss nach einer gründlichen Wettbewerbs- und Geschäftsmodellanalyse sein eigenes Handlungsfeld daraufhin untersuchen, ob es angreifbar ist, und wenn ja, dann lieber selber „disruptiv" werden, als in den nächsten Jahren vom Wettbewerb überholt zu werden. Dabei ist der Aufbau von Innovationsumgebungen und die damit einhergehende Verbesserung der Innovationsförderung immer auch eine europäische Strategie im globalen Wettbewerb.

2.1 Digitale Plattformen

Wissen Sie noch, wie es früher war, wenn man in der Tourismus- und Hotelbranche eine Karriere anstrebte? Nach dem Schulabschluss bewarb man sich um eine Lehrstelle. Gehörte man zu den Glücklichen, die eine Einladung zu einem Vorstellungsgespräch erhielten, so musste man möglicherweise Tests absolvieren, Gespräche führen und hatte auch nach Vertragsschluss eine mehrmonatige Probezeit zu überstehen. Nach 3 Jahren Lehre, vielen Jahren, um sich in der Hierarchie hochzuarbeiten und gegebenenfalls Auslandsaufenthalten fern der Familie konnte man mit Fleiß und Disziplin stellvertretender Hoteldirektor werden, um mit ein wenig Glück nach 20 Jahren in der Branche ein Hotel zu führen oder gar ein eigenes zu gründen.

Vor über 10 Jahren gründeten einige Amerikaner an der US-Westküste die Unterkünfte-Plattform Airbnb. Keiner von ihnen hat eine Hotellehre gemacht, und sie besitzen auch kein Hotel. Es fehlt an der langjährigen Branchenkompetenz, an der – möchte man sagen – moralischen Legitimation, und das

Thema „sich durch Fleiß und Disziplin" über 20 Jahre innerhalb der Branche durch den Aufbau der eigenen Reputation hochzudienen, fehlt auch. Trotzdem ist das Unternehmen stetig gewachsen, ist viele Milliarden US-Dollar wert und greift fröhlich weiter den traditionellen Hotel- und Unterkünftemarkt an.

Das bedeutet, dass ein Wettbewerber nicht zwangsläufig über Branchen-kompetenz in dem Maße verfügen muss, wie man es erwarten würde (Gassmann und Sutter 2016; Meier 2018). Auch muss der neue Wettbewerber nicht zwangs-läufig über materielle Güter verfügen. Das Schaffen von digitalen Markt-plätzen, der Umgang mit großen Datenmengen „Big Data" und das Streben nach absoluter Marktdominanz finden sich auch bei Firmen wie Uber, Amazon oder Google wieder und charakterisieren digitale Plattformen. Die Vernetzung der Kunden untereinander, die Preistransparenz und der Einfluss von direkten Kundenwünschen auf die Produktion sind nur einige Aspekte, die die digitalen Geschäftsmodelle beeinflussen und Unternehmen vor neue Herausforderungen stellen.

2.2   Customer Centricity und Innovationskultur

Die neuen digitalen Marktplätze, digitalen Plattformen und internetbasierten Applikationen (APPs) greifen Wettbewerber nicht nur auf der Wissens- oder Kompetenzebene an, sondern auch auf der Geschäftsmodellebene. Eine Art Zwei- oder Dreifrontenkrieg ist entfacht und hat höhere Kosten für die etablierten Unternehmen zur Konsequenz, da mehr Menschen eingestellt und zusätzliche Prozesse gestaltet und umgesetzt werden müssen (Shah et al. 2006). Kunden werden umgeleitet und bei aggressiver Marktstrategie kann das für einzelne Unternehmen existenziell werden. UBER, Netflix und AMAZON sind klassische Paradebeispiele, die global die Personentransportindustrie, das Fernseh- und Unterhaltungsgeschäft und den Einzelhandel angegriffen haben. Dabei kann man diesen neuen Unternehmen der letzten 10 Jahre keinen Vorwurf machen, denn sie haben die „Customer Centricity", also den Fokus auf den Kunden genutzt, um exzellente Geschäftsmodelle für das Wohl des Kunden zu erfinden, und das mit sensationell gutem Service gemischt. Das bedeutet im Umkehrschluss auch, dass nicht nur die neuen technologiebasierten Unternehmen sich durchgesetzt haben, sondern auch, dass die stark angeschlagenen Wettbewerber komplett ver-sagt haben, und dazu gehörten milliardenschwere Unternehmen wie Toys ‚R' Us, Blockbuster, AGFA oder Nokias Handy-Sparte.

Es müssen nicht immer Beinahe-Insolvenzen sein, es kommt auch zu deut-lichen Umsatzeinbußen, die dazu führen, dass Unternehmen von Wettbewerbern

oder Finanzinvestoren übernommen werden und daraus folgend unvorher-
sehbare Entwicklungen für die betreffenden Unternehmen bevorstehen können.
Diese Übernahmekultur von angeschlagenen Unternehmen und die Zahl der
internationalen Insolvenzen könnten sich in Zukunft beschleunigen, da die
Innovationszyklen schneller werden, die Zahl der internationalen Konkurrenten
steigt und das Internet in den vergangenen 10 Jahren einen solch fortgeschrittenen
Reifegrad erreicht hat (Wissen, Vernetzung, Kommunikation, Geschäftsmodelle,
Kundenverhalten am Smartphone), dass die nächsten 10 Jahre noch mehr Lang-
schläfer vom Markt fegen werden. Das Klischee von der „Servicewüste Deutschland" wäre nicht hilfreich, wenn es denn so wäre. Wir werden in Zukunft noch
mehr auf „High Potentials" in Unternehmen angewiesen sein, die Innovationsprojekte nach vorne bringen und sich mit interdisziplinären Lösungsansätzen in
einer einladenden Innovationskultur und -umgebung in Unternehmen einbringen
(Capon und Senn 2020).

Es ist immer spannend zu erfahren, aus welchen Gründen „High Potentials"
unser Land verlassen und was sie woanders suchen und finden. Daraus können
wir alle lernen. Auslandserfahrung ist sinnvoll. Wenn jedoch diese talentierten
Nachwuchsunternehmer dauerhaft oder zumindest viele Jahre fern der Heimat
anderenorts Unternehmen aufbauen und mitgestalten, muss man hinterfragen, ob
man das hier besser machen kann, um die Leute in Deutschland zu halten.

Dazu ein **Gastkommentar „Ideen für eine bessere Innovationskultur
in Deutschland"** von Jannik Peters, Maschinebau-Ing. und Mitgründer eines
Start-Ups am weltbekannten MIT in Cambridge/Boston (USA):

„Innovationen entstehen nur in einem Umfeld, welches Personen befähigt, Bereitschaft fördert und die Möglichkeit zur innovativen Arbeit bietet. Dabei geht es
nicht nur um das nächste weltverändernde Start-up, sondern vielmehr um jegliche
innovative Änderung, sei sie vermeintlich noch so marginal. Die Bereitschaft,
sich innovativ einzubringen oder sogar zu gründen, ist in Deutschland durchaus
gegeben. Auch deshalb stehen in der Diskussion um die Innovationskultur meist die
Möglichkeiten im Vordergrund. Doch auch die besten finanziellen und strukturellen
Voraussetzungen werden nicht zu einer Erfolgsgeschichte führen, wenn man
die Befähigung vernachlässigt. Laut Statistischem Bundesamt streben seit 2011
kontinuierlich mehr als die Hälfte der Heranwachsenden einen höheren Bildungs-
abschluss über ein Studium an. Man mag meinen, damit wäre bereits die Frage der
Befähigung geklärt, oder? Leider stehen jedoch in unserem Bildungssystem eher
Klausuren als Projekte, mehr der Abschluss als die Kompetenzen und die Aussicht
auf den gut bezahlten Job als die Befähigung zu eigenständigen Innovationen im
Fokus. Dabei ist dies kein Vorwurf an die Studierenden, sondern eine Kritik an dem
System, welches dieses Verhalten forciert.

Ein Land, das einige der innovativsten und erfolgreichsten Unternehmen der letzten Jahre hervorgebracht hat, ist zweifelsohne die USA. Im direkten Vergleich der Länder dominiert hier häufig der Faktor Möglichkeit zur Innovation, welcher dort aufgrund des besser verfügbaren Risikokapitals stärker ausgeprägt ist. Allerdings hat auch die Lehre, insbesondere an den Universitäten, die eine Vielzahl an innovativen Start-ups hervorbringen, einen anderen Fokus. Die bekannten Elite-Unis setzen mehr auf Projekte und Interaktion als auf reine Wissensvermittlung. Dies führt beispielsweise auch dazu, dass Themen für Abschlussarbeiten nicht wie in Deutschland von den Instituten ausgeschrieben werden, sondern von den Studierenden selbst entwickelt werden müssen. Dadurch werden sowohl die Befähigung als auch die Bereitschaft zur Innovation aktiv gefördert, wovon die amerikanische Innovationskultur sehr stark profitiert. Dies spiegelt sich beispielsweise auch im sinkenden Durchschnittsalter der Gründer vom Massachusetts Institute of Technology wider. Um die Innovationskultur in Deutschland nachhaltig zu verbessern, muss man sich neben dem Faktor Möglichkeiten dringend auch die Befähigung auf die Fahne schreiben. Anderenfalls darf man sich nicht wundern, dass sich möglicherweise trotz bester Strukturen keine konkurrenzfähige Innovationslandschaft entwickelt."

Quelle Studienanfänger: https://de.statista.com/statistik/daten/studie/72005/umfrage/entwicklung-der-studienanfaengerquote/.

Quelle MIT Durchschnittsalter Gründer: https://de.statista.com/statistik/daten/studie/72005/umfrage/entwicklung-der-studienanfaengerquote/ (Seite 15).

2.3 Schullehrer weiterbilden als Teil der Innovationsförderung

Ein Teil unserer Lehrer könnte stärker sensibilisiert werden, talentierte motivierte junge Menschen zu fördern, die im Kontext des kreativen Denkens und Ideenmanagements, durch Projekte zum Training der problemorientierten Denkweise und dem Aufbau der Kompetenz der Autodidaktik angeleitet werden wollen. Somit steckt in der Weiterbildung der Lehrer selbst enormes Potenzial (Missal 2019), also in den Fähigkeiten, in denen der Wettbewerb bereits heute und in Zukunft noch mehr entschieden werden wird. Phasen wie die Projektwoche, die es zu meiner Schulzeit gab, oder freiwillige Projektanfragen von Schülern für die großen Sommerferien wären potenzielle Zeiträume dafür. Bei der Umsetzung neuer Konzepte an Schulen stehen Schulleiterinnen und Schulleiter im Spannungsverhältnis zwischen programmatischen traditionellen Zielvorgaben und alltäglicher Praxis (Tulowitzki et al. 2019).

Die einfachen Tätigkeiten werden zukünftig von KI, Robots oder Standard-
programmen abgelöst, und das reine Rezitieren von Wissensblöcken verliert
zunehmend die Dominanz als kritischer Entscheidungsfaktor, weil das Wissen
global zunehmend verfügbar wird und das teilweise kostenfrei. Die Frage wird
sein, welche Produkte und Dienstleistungen machen wir aus diesem Wissen,
und wie bringen wir es zuverlässig und schnell in den Markt. Der Lehrertyp von
morgen sollte meiner Meinung nach selbst Kurse und Fortbildungen im Themen-
bereich „Wirtschaft, Forschung und Innovation" belegen. Das geht heutzutage auch online, als Webinar oder Video (gegebenenfalls auf YouTube). Durch
diese Befähigung der Lehrer kann man dann auch erwarten, dass sie ein Gespür
(emotionale Kompetenz) entwickeln können, sich auf diesem neuen Level untereinander austauschen werden und somit die Klasse nicht als Einheitsbrei wahrnehmen, dem es jetzt einen Wissensbaustein einzurichtern gilt, sondern dass
sie vielmehr eine Wissensvermittlung und Haltung den Schülern gegenüber ein-
nehmen, die geprägt ist von offenem Denken, Wahrnehmung der Diversität der
Lerntypen, Charaktere und Ideen, um langfristig den Schülern auch das nötige
Selbstvertrauen in sich selbst mitzugeben. Das ist eine Idee, und sicher macht es
Sinn, in einer großen Community aus Schülern, Eltern und Lehrern erstmal überhaupt zu diskutieren, wie die Vorstellungen lauten. Es ist für mich immer wieder
beeindruckend, was motivierte junge Menschen leisten können, doch wir neigen
dazu, aufgrund des jungen Alters der Schüler das Zutrauen zu verlieren. Wir
teilen die Klassen in gute und schlechte Lerner auf, bilden uns früh ein Urteil
über das Potenzial der Schüler und Studenten.

Gibt es wirklich nur die Segmentierung in schlechte und gute Lerner,
oder können wir zu einer erweiterten Betrachtungsweise übergehen? Das
Thema Qualität der Wissensvermittlung bleibt eine Herausforderung, denn die
Zukunft fordert eben „Wissen und Anwendungsorientierung" im Kontext von
interdisziplinären Problemen. Strategien, bereits während des Lernens Ideen
zu entwickeln und anzuwenden, Debattierclubs nach dem Vorbild englischer
Schulen auszuprobieren und Projektarbeiten in gemischten Gruppen durchzuführen, sind nur einige Ideen, die den Lernspaß und die Lernerfahrung der
Schüler verbessern können.

2.4 Lebenslang lernende Gesellschaft

Lebenslanges Lernen in unterschiedlichen Szenarien wird eine Notwendigkeit, wenn das Ziel erreicht werden soll, international langfristig mitzuhalten
(Lassnigg 2019). Die Vorstellung, dass in den heutigen Zeiten ein einziges

Studium, das sog. Erststudium, für ewig reicht, ist ein großer Irrglaube. Ein Zweit- oder gar Drittstudium über eine Zeitperiode von 20–30 Jahren scheint wahrscheinlich, denn im internationalen Vergleich entstehen erste Lernumgebungen wie „Fast Track Learning". Ich durfte im Juli 2019 in Hongkong (China) bei einem russisch-chinesischen Start-Up einige Tage mitarbeiten, bei dem es um ein neues Konzept geht. Dieses Konzept greift Punkte auf wie die globalen Verschiebungen in der Wissenschaftswelt, das Lösen von Aufgaben in diversen Teams und autodidaktische Komponenten. Die zukünftige Wissenswelt wird geprägt sein von Multi-, Inter- und Transdisziplinarität, und die Kompetenz zur Autodidaktik wird auch vorausgesetzt werden.

Bei dem russisch-chinesischen Start-Up des „Fast Track Learning" testet ein Projekt, ob es möglich ist, in 7 Jahren beispielsweise 2 oder 3 Studiengänge zu vereinen, beispielsweise Medizin, Computer Science und Design. Das mag anfangs irritierend wirken, aber hier die Überlegungen: Wenn man einen jungen Menschen für 7 Jahre „aus dem System" nimmt und 7 Jahre vollfinanziert, also kein Jobben neben dem Studium notwendig wäre, wenn man weiters die Ferienzeiten reduziert (bei uns in Deutschland mit Sommer-, Oster-, Herbst- und Semesterferien etwa 5 Monate Gesamtzeit), des Weiteren das Wissen auf die relevanten Wissensbausteine komprimiert, – und das alles mischt mit begabten, hochmotivierten Lehrbeauftragten – wäre es dann möglich, dieses Ziel zu erreichen? Angesprochen wurde ich auf dieses Projekt von einem in England lebenden chinesischen Mitstudenten, der ebenfalls in London seinen berufsbegleitenden „Doctorate of Business Administration" absolviert. Er meinte aufgrund meiner 3 Masterabschlüsse mit ganz unterschiedlichen Schwerpunkten und den Firmengründungen in diversen Bereichen (Medtech, Strategie Consulting) wäre ich prädestiniert, einen Input zu geben.

Das Projekt innerhalb dieses Start-Ups ist noch in einer experimentellen Phase und langfristig angelegt. Das Outcome ist völlig offen, aber der Ansatz ist klar, man testet, ob begabte 20-Jährige in 7 Jahren eine Dreifachqualifikation verkraften können. Das wird im internationalen Wettbewerb der „Begabten" oder „High Potentials" in Kombination mit den Fortschritten bei der KI einen enormen Druck auf den Deutschen Mittelstand ausüben, den dieser sich aus heutiger Sicht noch nicht wirklich vorstellen kann. Nachdem ich wieder in Deutschland war, führte ich zu diesem Projekt einige Gespräche, und interessanterweise wurde es als irrational, lächerlich und nicht umsetzbar bewertet. Das Schlimme ist aus meiner Sicht, dass die chronische Unterschätzung internationaler Wettbewerber und ihrer langfristigen Projekte uns in naher Zukunft um die Ohren fliegen wird, wenn wir weiter so tun, als ob wir der intellektuelle und unternehmerische Mittelpunkt der Erde sind.

2.5 Start-Ups

Gerade wenn jüngere Menschen Start-Ups gründen, sind sie auf Unterstützung jeglicher Form angewiesen. Das kann Risikokapital betreffen, aber genauso sind die richtigen Mitglieder für das Team zu gewinnen, Wissen aufzubauen und Organisationsfragen tagesaktuelle Herausforderungen. Start-Ups sind Unternehmensgründungen oder junge Unternehmen in der Wachstumsphase, die den Mittelstand herausfordern, indem sie neue Geschäftsmodelle etablieren und oft die digitale Welt und Transformation nutzen, um dem Kunden Nutzen zu bringen (Kochhan et al. 2019). Sie dienen als Motor für Innovation, und als Quelle der Erneuerung haben sie eine hohe Relevanz für unsere Volkswirtschaft. Es ist wichtig, das Momentum der digitalen Transformation zu nutzen und die Motivation und Bereitschaft von Gründern aufrechtzuerhalten. Unternehmertum (Entrepreneurship) und Start-Ups sind der Treibstoff für Innovationen (Plugmann 2018).

Zur Bedeutung von Start-Ups ein Gastkommentar von Marcel Engelmann

Innovation bringt die Gesellschaft voran und schafft die zukünftigen Arbeitsplätze. Nur durch innovative Ideen können der Wohlstand der Gesellschaft langfristig gesteigert und die Lebensqualität der Menschen verbessert werden. Besonders Unternehmensgründungen tragen dazu bei, dass Technologien am Markt etabliert werden und den Menschen durch diese Innovationen einen Mehrwert erhalten. Vor allem durch die Digitalisierung und den globalen Wettbewerb steigt dabei der Druck auf bestehende Unternehmen, sich weiterzuentwickeln und sich der neuen Konkurrenz zu stellen. Weiter beschleunigt wird diese Entwicklung vor allem durch Automatisierung und den Einsatz Künstlicher Intelligenz in allen Bereichen der Unternehmen.

Dabei stehen die deutschen Schlüsselindustrien vor gravierenden Veränderungen. Besonders durch die immer größer werdende Konkurrenz aus dem Ausland, aber auch durch die Veränderungen der Arbeitsanforderungen der zukünftigen Arbeitnehmer. Diese Veränderung bietet jedoch auch viele Chancen, in einem wachsenden Markt einzusteigen und neue Weltmarktführer aus Deutschland hervorkommen zu lassen. Start-Up-Unternehmen sind dabei der Schlüssel für eine starke Wirtschaft in der Zukunft.

Besonders der starke Mittelstand und der hohe Bildungsstand in Deutschland müssen dabei genutzt werden, um Innovationen voranzubringen und neue Unternehmen zu gründen. Aus diesem Grund sollte die Kooperation zwischen Mittelstand und Start-Up-Unternehmen in jeden Fall ausgebaut werden. Auch die Förderung vom Staat muss ausgebaut werden, um Start-up-Unternehmen und damit die Implementierung von Innovation am Markt zu verbessern. Besonders die Förderung von Entrepreneurship-Aktivitäten an Hochschulen muss dabei gesteigert werden. Nur wenn alle Aktivitäten ineinandergreifen, können die Innovation etabliert und Start-Ups als Innovationstreiber genutzt werden.

2.6   Neue Ideen für Stipendien zur Förderung von Studenten

Die „zweite Reihe" („the second row") wird unterschätzt und erhält falsche Signale. Wie eingangs dargelegt, ruhen unsere langfristigen Hoffnungen im „20-Jahres-Szenario" auf den jungen Menschen, die heute zur Schule gehen und demnächst mit einer Lehre oder einem Studium beginnen. Sie müssen gefördert werden. Eine Möglichkeit, sich fördern zu lassen sind Stipendien. Es gibt Stipendien von den Stiftungen der politischen Parteien, die Stiftung des Deutschen Volkes und beispielsweise das vom Bundesministerium für Bildung und Forschung initiierte Deutschlandstipendium (Bauer 2017; Tiefenbacher 2018), bei dem Privatpersonen oder Unternehmen 1800 EUR pro Jahr spenden und der Bund die gleiche Summe hinzufügt. Damit erhält der Student 3600 EUR pro Jahr. Meine Frau und ich spenden schon seit über 10 Jahren regelmäßig, u. a. auch Deutschlandstipendien und Innovationspreise. Ich hinterfrage die Annahme, die Förderung der Studenten mit den besten Noten würde langfristig die Innovationskraft unseres Landes stärker weiterbringen, als wenn wir zusätzlich die „zweite Reihe" auch fördern würden. Der Ursprung meines Gedankens, die „erste" und „zweite" Reihe zu fördern, liegt im Prozess, wie eine Idee entsteht, weiterentwickelt und schließlich bis zur Marktreife realisiert wird. Nach meinem Verständnis reift eine Idee wie ein Ball aus Knetmasse mit verschiedenen Farben. Ein Gründerteam arbeitet an einer Idee, modifiziert diese und passt sie parallel zu den Interaktionen untereinander und mit Personen an, mit denen sie bestimmte Aspekte besprochen haben, nach dem Prinzip einer Rückkopplungsschleife. Dabei arbeiten Individuen mit unterschiedlichen Fachkompetenzen, Kreativität und Leistungsstärke miteinander. Ein Individuum mit sehr guten Noten zu fördern, welches sowieso durch Bestnoten glänzt, und gleichzeitig einen guten Studenten, der sich in einem Innovations-Team entscheidend einbringen kann, zu vernachlässigen, würde bedeuten, dass Innovation und Gründertum (eben nur durch die Förderung der Bestnotenstudenten) ineffizient gefördert werden. Die Noten alleine sind ein schlechter Ratgeber, die Fördermittel zu verteilen. Da ich aber mehrfach gehört habe, dass Eltern sogar klagen würden, wenn ihre Kinder mit sehr guten Noten bei der Stipendienvergabe nicht berücksichtigt würden, ist es an der Zeit, die Bewertungsgrundlage zu adjustieren.

Vorstellbar wäre im Kontext von Innovationsförderung ein Kurzvortrag, eine Präsentation oder ein Essay über Themen, die das Studium der Person, die Gesellschaft und das Themenfeld der Innovation verbinden. Dabei muss man potenzielle Bewerber bei ihrer Suche nach der passenden Stipendiumsanfrage unterstützen. Beispiele ähnlicher Art gibt es bereits zahlreich in Deutschland, wie am Karlsruher KIT (Paltian 2019). Der bzw. die Studierende sollte zeigen, wie er meint, sein Wissen nach dem Studium einzubringen, und was er oder sie vorhat. Dann könnte man nach einem transparenten System Punkte vergeben, z. B. Noten 40 %, Essay 40 % und soziales Engagement 20 %. Wir müssen denen, die „gut" sind, mehr Beachtung schenken und uns nicht durch die Note „sehr gut" verwirren lassen. Die Fähigkeit, ein Gedicht zu rezitieren, macht noch keine sinnvolle Förderung legitim. Wir wollen neben der Bestenförderung auch kreative Köpfe fördern und müssen die entsprechende Zeit aufwenden, diese zu identifizieren. Dazu muss man diesen Individuen die Möglichkeit geben, sich und ihre Ideen persönlich zu präsentieren.

Eine weitere zusätzliche Idee wäre, dass sich Teams bewerben. Gehen wir von 3er-Teams aus, so kann man festlegen, dass ein Teammitglied gute oder sehr gute Noten hat und die anderen beiden Teammitglieder durch diesen bestimmt werden können. Das erinnert an das Prinzip aus der Industrie „Mitarbeiter empfehlen Mitarbeiter". Diese 3er-Teams können sich für Stipendien bewerben und müssen ein nachvollziehbares Projekt, eine Idee oder einen langfristigen Lösungsansatz präsentieren. Dies ist zugegebenermaßen wesentlich anspruchsvoller und aufwendiger für beide Seiten. Da bin ich auch offen für Anregungen und Vorschläge, wie man so etwas gestalten könnte. Aus der Welt der Start-Ups wissen wir, dass, wenn Private Equity Fonds oder Unternehmen diese jungen Firmen aufkaufen, es auch immer darum geht, vertraglich abzusichern, dass das Team des Start-ups vollständig an Bord bleibt. Das zeigt die Bedeutung und Relevanz des Teamgedankens. Daher sollte sich auch die Struktur der Stipendienvergabe anpassen und möglicherweise zusätzliche Stipendiumsformate initiieren.

Literatur

Bauer, M. J. (2017). Komplementäre Finanzierung von Hochschulstipendien, Das Deutschlandstipendium als Reverse Matching Funds-Konstruktion zwischen Hochschulfundraising und Public Private Partnership. https://nbn-resolving.org/urn:nbn:de:hbz:464-20170411-102021-3. Zugegriffen: 24. Jan. 2020.
Capon, N., & Senn, C. (2020). Customer-centricity in the executive suite: A taxonomy of top-management customer interaction roles. In Nicole Pfeffermann (Hrsg.), *New leadership in strategy and communication* (S. 165–176). Cham: Springer.

Gassmann, O., & Sutter, P. (2016). *Digitale Transformation im Unternehmen gestalten. Geschäftsmodelle, Erfolgsfaktoren, Handlungsanweisungen, Fallstudien.* München: Hanser.

Kochhan, C., Könecke, T., & Schunk, H. (Hrsg.). (2019). *Marken und Start-ups: Markenmanagement und Kommunikation bei Unternehmensgründungen.* Wiesbaden: Springer Gabler.

Lassnigg, L. (2019). Anerkennung von Kompetenzen, Lernergebnissen und Qualifikationsrahmen: internationale Perspektiven und Erfahrungen. *Magazin erwachsenenbildung. at, 37.*

Meier, P. (2018). Digitale Plattformen als Innovationstreiber. In Plugmann P. (Hrsg.), *Innovationsumgebungen gestalten* (S. 207–217). Wiesbaden: Springer Gabler.

Missal, S. (2019). Erfolgreiche Konzepte der Weiterbildung von Lehrkräften. *Lehrerbildung – Potentiale und Herausforderungen in den drei Phasen, 109.*

Paltian, A. (2019). KIT-Karlsruhe School of Optics & Photonics-Publications. In *Proc. SPIE* (Bd. 11032, S. 1103208). http://www.ksop.kit.edu/scholarships.php. Zugegriffen: 7. Dec. 19.

Plugmann, P. (Hrsg.). (2018). *Innovationsumgebungen gestalten: Impulse für Start-ups und etablierte Unternehmen im globalen Wettbewerb.* Wiesbaden: Springer Gabler.

Shah, D., Rust, R. T., Parasuraman, A., Staelin, R., & Day, G. S. (2006). The path to customer centricity. *Journal of Service Research, 9*(2), 113–124.

Tiefenbacher, A. (2018). Acht Jahre Deutschlandstipendium. *WiSt-Wirtschaftswissenschaftliches Studium, 48*(1), 50–53.

Tulowitzki, P., Hinzen, I., & Roller, M. (2019). Die Qualifizierung von Schulleiter* innen in Deutschland – Ein bundesweiter Überblick. *Die Deutsche Schule, 111*(2), 149–169.

Schlüsseltechnologien 3

Das Gutachten der Expertenkommission für Forschung und Innovation (EFI) für 2019 und 2020 geht genauso auf Schlüsseltechnologien ein wie die aktuelle KPMG -Studie zu den aus ihrer Sicht „10 wichtigsten Technologien für die Geschäftstransformation", bei der „Einblicke in die neuesten disruptiven Technologien für Führungskräfte und Investoren" gegeben werden.

Diese KPMG-Studie hat folgendes Ranking aufgestellt:

1. Internet of Things (IoT)
2. Robotic Process Automation (RPA, z. B. Software Bots)
3. Künstliche Intelligenz, Machine Learning
4. Blockchain
5. Robotics und Automatisierung (auch autonomes Fahren)
6. Augmented Reality
7. Virtual Reality Plattform
8. Social Networking, Kollaborationstechnologien
9. Biotech, Digital Health, Genetik
10. On-Demand-Plattform

Neben der Bestimmung von Schlüsseltechnologien durch Bund, Gutachter und Unternehmensberatungen muss in der wettbewerblichen Auseinandersetzung, auch unter Berücksichtigung der langfristigen Sicherheitspolitik, auf einige Technologien besonders eingegangen werden.

© Der/die Herausgeber bzw. der/die Autor(en), exklusiv lizenziert durch
Springer Fachmedien Wiesbaden GmbH, ein Teil von Springer Nature 2020
P. Plugmann, *Innovationsförderung für den Wettbewerb der Zukunft*,
https://doi.org/10.1007/978-3-658-30127-9_3

3.1   Cybersicherheit und Kryptografie

In digitalen Zeiten müssen Unternehmen und Organisationen ihre Server, Netzwerke und Daten schützen. Diese Verteidigungsaktivität – „Cybersecurity" – der Informations- und Kommunikationstechnik ist inzwischen ein eigenständiger Industriezweig. Peng (2015) beschreibt in seinem Artikel „Cybersecurity threats and the WTO national security exceptions" die Auswirkungen von Cyberkriminalität und die Folgen von Attacken durch Hacker auf Organisationen und Institutionen aus Privatwirtschaft, Wissenschaft und Regierungen. Diese sind weitreichend und können vom „Blackout" (Ausfall von Strom in großen Teilen einer Stadt oder Bezirken) über die Manipulation kritischer Industrieinfrastruktur bis hin zu Veränderungen von Daten der Finanzmärkte reichen.

Auch das Gesundheitswesen ist bedroht. Mackey und Nayyar (2016) beschreiben in ihrem Review die digitale Gefahr im Gesundheitswesen zulasten des globalen Gesundheitswesens, der Patientensicherheit und Online-Bestellungen von Medikamenten. Dabei stehen Regierungsorganisationen sowie Arztpraxen, Krankenhäuser und Patienten vor rechtlichen, finanziellen und politischen Hürden. Cybersicherheit kostet viel Geld, denn es müssen Server-Architekturen eingerichtet werden, Software-Pakete angeschafft und Mitarbeiter geschult werden, um u. a. Spam/Malware als solche zu erkennen und nicht zu öffnen (Abb. 3.1).

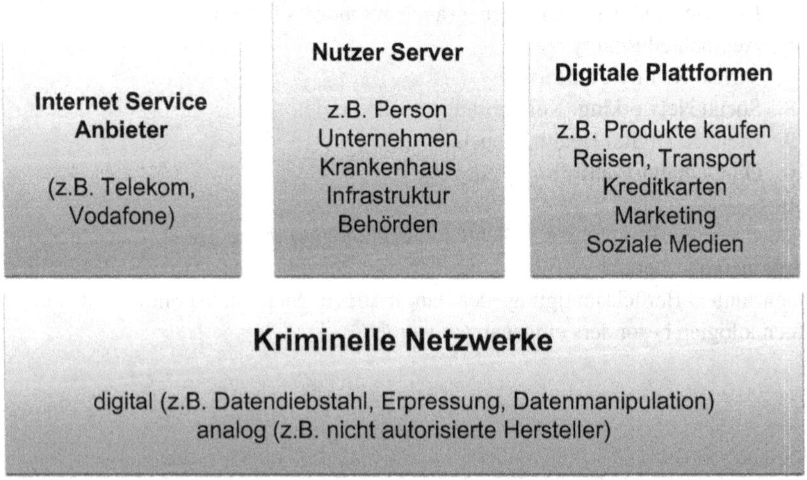

Internet Service Anbieter

(z.B. Telekom, Vodafone)

Nutzer Server

z.B. Person
Unternehmen
Krankenhaus
Infrastruktur
Behörden

Digitale Plattformen

z.B. Produkte kaufen
Reisen, Transport
Kreditkarten
Marketing
Soziale Medien

Kriminelle Netzwerke

digital (z.B. Datendiebstahl, Erpressung, Datenmanipulation)
analog (z.B. nicht autorisierte Hersteller)

Abb. 3.1 Angriffsmechanismus Cyberkriminalität. (Eigene Darstellung)

Fälle von Cyberkriminalität der letzten Jahre

Viele cyberkriminelle Fälle geraten aufgrund der heutigen Nachrichtenflut in Vergessenheit, daher folgend eine exemplarische Übersicht interessanter Ereignisse:

- 2011 Unternehmen SONY: betroffen waren 100 Mio. Kundendaten
- 2013 Yahoo: 3 Mrd. Accounts
- 2014 Internet: 1,2 Mrd. Einwahlkombinationen für Internetprofile
- 2017: Einige ausgesuchte Vorfälle:

1. Auf Anzeigetafeln in Bahnhöfen fordern Hacker Lösegeld von der Deutschen Bahn. Von dem weltweiten Trojanerangriff sind auch britische Krankenhäuser, amerikanische Unternehmen und das russische Innenministerium betroffen.
2. In Großbritannien waren Krankenhäuser unter anderem in London, Blackpool, Hertfordshire und Derbyshire lahmgelegt, wie der staatliche Gesundheitsdienst NHS mitteilte.
3. In Spanien war der Telekomkonzern Telefónica betroffen und in den Vereinigten Staaten der Versanddienst FedEx.

- 2018 HealthCare.gov Sign-up-System: 75.000 Nutzer
- 2018 British Airways: 380.000 Bank- und Kreditkartendaten
- 2019 Allianz Partners: 160.000 Kunden

Anhand dieser exemplarisch aufgeführten cyberkriminellen Fälle der vergangenen Jahre zeigt sich, dass global auch große Unternehmen und Einrichtungen massivem Datendiebstahl ausgesetzt waren und scheinbar Jahr für Jahr wenig dagegen unternehmen können. Die Tatsache, dass die cyberkriminellen Taten erst Monate oder Jahre später aufgedeckt werden, zeigt die zusätzliche Gefahr durch Zeitverzug auf, denn kryptografische Manipulationen von Datensätzen, beispielsweise von Patientendaten (Medikamentendosierungen, Unverträglichkeiten, Indikationen) oder Prozessvorgaben in technischen Anlagen (Laufzeiten, Temperaturen), erzeugen kurzfristig Schäden. Die Innovationsförderungen von Technologien und Unternehmen, die sich mit präventiven Strategien, Produkten und Dienstleistungen in diesem Segment beschäftigen, sollten – letztlich zum Schutz der Bevölkerung – ausgebaut werden.

3.2 Künstliche Intelligenz

Den Begriff „Künstliche Intelligenz" (KI) hört man seit Jahren regelmäßig. Der Bundesverband Informationswirtschaft, Telekommunikation und neue Medien e. V. (Bitkom) und das Deutsche Forschungszentrum für Künstliche Intelligenz GmbH (DFKI) beschreiben in ihrem gemeinsamen Gipfelpapier 2017, welche wirtschaftliche Bedeutung KI für die Zukunft hat und vor welchen gesellschaftlichen Herausforderungen wir stehen. Allein beim Lesen des Inhaltsverzeichnisses des über 200 Seiten starken Gipfelpapiers wird deutlich, dass wir einen Gegensatz haben zwischen den zahlreichen Regulierungen und Kompromissen, die uns gesellschaftlich und unternehmerisch bevorstehen, und der Notwendigkeit, mit hoher Geschwindigkeit und höheren Investitionen diese Technologie zu unserem Wettbewerbsvorteil nach vorne zu bringen. Exemplarisch aus diesem Inhaltverzeichnis seien genannt:

- Gesellschaft auf organisationale Veränderungen durch KI vorbereiten
- Erwerb digitaler Kompetenzen vertiefen
- Verständigung über ethische Standards erzielen
- Datenschutz in Europa mit Blick auf KI weiterentwickeln
- Intelligenzverstärkung oder intelligente Entscheidungsunterstützung
- Maschine-zu-Maschine-Prozesse
- Automation des Entscheidens
- Metoda – Survival of the Fittest: Smart Data als Wettbewerbsfaktor in globalen Märkten
- XAIN AG – Echtzeitanalyse und automatisierte Audits
- YQP & Roman Lipski – KI und Kreativität: die Entstehung einer artifiziellen Muse
- Lernen aus Millionen von User-Journeys und Einsatz von Chat Bots für Conversational Commerce als Interface für KI-gestützte Services.

Sie sehen anhand der exemplarisch ausgesuchten Punkte aus dem Inhaltsverzeichnis des Positionspapiers der Bitcom und DFKI von 2017, dass es zunehmend schwerer fällt, dem Bereich „Künstliche Intelligenz" ein Maß an intellektueller Nachvollziehbarkeit entgegenzubringen. Ist vielen Bundesbürgern das Programmieren von Software bereits fremd, so stellt der Bereich der Künstlichen Intelligenz ein noch weiter entfernt scheinendes Wissensgebiet dar. Das zeigt, dass es allerhöchste Zeit ist, diese Technologien und Arbeitsbereiche bereits in den frühen Schuljahren aufzubauen, die Schulen mit Technologie auszustatten und die Lehrer zu schulen. Die Entwicklung ist unumkehrbar. So ist Innovationsförderung auf Schulebene auch denkbar. Jedoch muss auch für die arbeitende Bevölkerung und die Rentner eine der Zielgruppe angemessene Informationskampagne dauerhaft implementiert werden, um Akzeptanz und Verständnis für KI nachhaltig zu fördern.

Herausheben möchte ich den Punkt „Maschine-zu-Maschine-Prozesse", da es hier einer höheren Sensibilität bedarf. Im Jahr 2017 erschien in der „Welt" ein Artikel (Welt 2017), in dem beschrieben wird, dass Facebook seine KI abschalten musste, weil es eine Art Geheimsprache entwickelt haben soll. Wenn man den Artikel liest, wird beschrieben, dass sich diese „AI Bots" (Künstliche-Intelligenz-Agenten) über einfache Dinge austauschten, doch irgendwann aus Effizienzgründen ihre eigene Kommunikationsart entwickelten. Im Artikel steht auch, dass der Mitarbeiter Dhruv Batra, Facebook AI Research (FAIR), sagte: „Wir verstehen schon jetzt im Allgemeinen nicht, wie komplexe AIS (engl. Künstliche Intelligenzen) denken, weil wir in ihren Denkprozess nicht wirklich hineinsehen können."

Diese Technologien entwickeln sich sehr schnell, und es ist nicht nur aus wirtschaftlicher Perspektive wichtig, dieses als Schulfach zu integrieren bzw. alternative Lernangebote hierzu, sondern auch aus menschlich-philosophischer Sicht, denn für die Akzeptanz in der Gesellschaft muss ein Grundverständnis vorhanden sein. Das scheint mir aktuell, selbst bei Akademikern, stark eingeschränkt zu sein.

Im Gutachten für das Jahr 2019 zu Forschung, Innovation und technologischer Leistungsfähigkeit Deutschlands (EFI Gutachten 2019) der Expertenkommission Forschung und Innovation (EFI) steht zum Thema „Die KI-Strategie der Bundesregierung" (S. 27): „Die hohe Bedeutung, die die Bundesregierung der Künstlichen Intelligenz und den damit verbundenen Technologien beimisst, zeigt sich darin, dass der Bund bis einschließlich 2025 insgesamt etwa drei Milliarden Euro für die Umsetzung der Strategie zur Verfügung stellen will." Jetzt wurde viel darüber diskutiert, ob das genannte Investitionsvolumen von 3 Mrd. EUR für die nächsten 6 Jahre im internationalen Vergleich, insbesondere unter Hinzuziehung der Investitionen für KI in China und den USA, viel oder wenig ist.

Dabei ist eine ganzheitlichere Betrachtungsweise hilfreich, wenn man das Thema Supercomputer hinzufügt. Supercomputer sind sinngemäß Superrechner und können Millionen, wenn nicht gar Milliarden Kalkulationen in Millisekunden gleichzeitig durchführen. Auf einer Technologiekonferenz im Silicon Valley 2015 habe ich einen Professor für Robotik gefragt, wie man einen Supercomputer einem Nicht-Informatiker bildlich erläutern könnte, und er sagte: „Stellen Sie sich vor, Sie sitzen in der Schule und schreiben einen Test, und die Zeit, die

Ihnen zur Verfügung stünde, wäre ihr gesamtes Leben, die Ressourcen wären das gesamte menschliche Wissen, und wenn Sie den Test abgeben, ist für die Außenwelt nur 1 Stunde vergangen. Sie selbst sind bei Verlassen des Prüfungsraumes auch nur um 1 Stunde gealtert." Ich denke, er wollte mir damit sagen, dass der Supercomputer so schnell ist und so viele Daten gleichzeitig bearbeiten kann, dass quasi die Zeit stillsteht aus der Perspektive von uns Menschen. Man kann also sagen, dass eine Zeitreise nicht nur bedeutet, durch Raum und Zeit zu wandern, sondern möglicherweise fast unendlich Zeit zu haben, eine Entscheidung zu treffen und alle Szenarien durchzuspielen oder zu simulieren.

Natürlich gibt es physikalische Probleme bei Supercomputern wie die Hitzeentwicklung der Computerchips oder die Baugeschwindigkeit und konstante Energieversorgung solcher Center, aber bereits vor 10 Jahren veröffentlichten Blumrich, Chen et al. (GOOGLE PATENTS 2009) unter dem Titel „Massively parallel supercomputer" die Szenarien einer Vernetzung vieler unabhängiger Computer mit Bezügen zu externer Konnektivität, Systemmanagement oder beispielsweise Funktionsmonitoring.

Das Oberziel war bereits vor 10 Jahren, zusammenfassend betrachtet so viele Prozessoren wie möglich mit maximaler Rechenkapazität zu vernetzen. Es wäre unlogisch, wenn Regierungen und Großunternehmen auf die Möglichkeit der Szenarioplanung durch Supercomputer verzichten würden. Das Instrument der Szenarioplanung wird genutzt, um in der Gegenwart effizientere Entscheidungen treffen zu können, man könnte fast schon von einer intellektuellen Zeitreise sprechen. Bei der Szenariotechnik geben Sie einen Zeithorizont vor, z. B. 5, 10 und 20 Jahre, und füttern das System mit Variablen. Dann schauen Sie, welche Szenarien hinten herauskommen und können eruieren, wo es Unterschiede zwischen den Szenarien gibt und wo Gemeinsamkeiten. Dann können Sie eine Risikobewertung durchführen, die Szenarien mit ihren Organisationszielen abstimmen und Handlungsoptionen für die Gegenwart ableiten.

Ein schönes Beispiel für einen Szenariorechenaufgabe wäre unser Gesundheitswesen. Sie würden z. B. kalkulieren wollen, wie man die Krankenhausfinanzierung zukünftig unterstützt oder die Zahl der benötigten Pfleger. Im Worst-Case-Szenario würde man beispielsweise feststellen, dass die Kosten für Pflege dermaßen aus dem Ruder laufen, dass ein Lohnanstieg über 2 % p. a. nicht tragbar wäre, oder dass die Wirtschaftsdaten mit den Gesundheitskosten kollidieren. Sie könnten also heute, 20 Jahre vor dem Ereignishorizont, quasi in der Vergangenheit aus Sicht des vom Supercomputer kalkulierten Szenarios, Veränderungen durchführen. Das war jetzt frei gedacht, aber es dient dazu, Ihnen ein Gefühl zu vermitteln, in welche Richtung sich die Dinge bei KI & Supercomputern entwickeln können.

Auf der anderen Seite besteht kein Grund zur Panik, denn in Zukunft werden wir als in den Weltraum expandierende Spezies auf die Hilfe der KI & Supercomputer angewiesen sein, es ist überlebenswichtig.

Gastkommentar zum Thema „Künstliche Intelligenz" von Prof. Dr. Patrick Glauner

„Es vergeht kein Tag, an welchem wir nicht mit Anwendungen der Künstlichen Intelligenz (KI) zu tun haben. Was genau steckt jedoch hinter KI? Mittlerweile gibt es beeindruckende KI-Anwendungen wie Siri, Spamfilter in Gmail oder die Generierung von Produktvorschlägen auf Amazon. KI ist die nächste Phase der industriellen Revolution. Während die vorherigen Phasen primär darauf abzielten, repetitive Tätigkeiten zu automatisieren, hat KI ein diametral entgegengesetztes Ziel: Menschen treffen täglich Hunderte von sehr verschiedenen Entscheidungen. KI ermöglicht uns, dieses facettenreiche Entscheidungsverhalten zu automatisieren.

Mit den aktuellen KI-Anwendungen, von denen die meisten mehr oder weniger mit Internetunternehmen zu tun haben, kratzen wir bisher jedoch lediglich an der Oberfläche des Möglichen: Insbesondere in der Industrie gibt es viele Prozesse entlang der gesamten Wertschöpfungskette von Unternehmen, die stark von Expertenwissen abhängen. KI bietet uns auf der einen Seite die Chance, diese Prozesse zu automatisieren, um somit Wartezeiten und Kosten zu senken. Auf der anderen Seite ermöglicht KI uns, in den kommenden Jahren den durch Verrentungen bedingten Verlust von Expertenwissen zu kompensieren. In der Summe könnte die deutsche Industrie bei einer entsprechenden Investition in KI ihre Wettbewerbsfähigkeit durch KI nicht nur erhalten, sondern sogar weiter steigern.

Sie fragen sich vielleicht, ob Sie so bald tatsächlich in KI investieren sollten. Wahrscheinlich läuft Ihr Geschäft zurzeit hervorragend. Hinzu kommt, dass es möglicherweise eine begrenzte Anzahl von Wettbewerbern gibt, die Sie bisher nicht überholen konnten. All das mag *heute* wahr sein. In den kommenden Jahren werden jedoch völlig neue Wettbewerber entstehen. Diese werden höchstwahrscheinlich aus China stammen. Ich habe oft das Gefühl, dass die meisten Menschen in der westlichen Welt, einschließlich der Entscheidungsträger, China hauptsächlich als Exportmarkt oder als eine Werkbank betrachten. In den letzten Jahren hat sich China jedoch, von den meisten Menschen in der westlichen Welt unbemerkt, zum weltweit führenden Land für KI-Innovationen entwickelt. In Dr. Kai-Fu Lees Buch „*AI Superpowers: China, Silicon Valley, and the New World Order*" erfahren Sie mehr zu Chinas KI-Innovationsökosystem und seine starke Unterstützung durch Regierung und Industrie.

Meiner Meinung nach müssen wir die Innovation in der westlichen Welt radikal überdenken, um wettbewerbsfähig zu bleiben. Die Fähigkeit von KI, das menschliche Entscheidungsverhalten zu automatisieren, wird eine entscheidende Rolle in der Zukunft in den Wertschöpfungsketten nahezu aller Unternehmen spielen, sei es in Forschung und Entwicklung, Einkauf, Marketing, Preisfindung oder Vertrieb, um nur einige Teile davon zu nennen. Daher werden die Unternehmen, die frühzeitig in KI investieren, in den kommenden Jahrzehnten die Marktführer ihrer jeweiligen

Branche sein. Diejenigen, die jetzt nicht investieren, werden wahrscheinlich von einem neuen KI-lastigen Wettbewerber aus ihrem Geschäft verdrängt. Nehmen Sie sich die Zeit, um Lees Buch zu lesen, und begeben Sie sich auf Ihre eigene Reise in das Feld der Künstliche Intelligenz. Es wird sich für Sie lohnen."

3.3 Biotechnologie und synthetische Biologie

Gesundheitsminister Spahn hat im Jahr 2019 angesprochen, man könnte darüber nachdenken, alle Bundesbürger per Gesetz zu Organspendern zu machen, mit einer Widerspruchslösung. Unabhängig der Tragweite solcher rechtlichen, sozialrechtlichen und sozialpolitischen Veränderungen wird die Dringlichkeit einer Lösung deutlich, um Menschen, die auf der europäischen Transplantationswarteliste stehen und auf eine Organspende angewiesen sind, zu helfen. Parallel muss man aber darüber nachdenken, die Innovationsförderung für synthetische Biologie zur Herstellung von Organen zu forcieren. Die Biotechnologie-Industrie, die sich mit synthetischer Biologie beschäftigt, wird von staatlichen und privatwirtschaftlichen Laboratorien vertreten. Das Max-Planck-Institut hat das disziplinübergreifende Forschungsnetzwerk MaxSynBio gegründet, in dem die Kompetenzen im Bereich synthetische Biologie gebündelt werden. In den USA sei hier exemplarisch das Unternehmen „Gingko Bioworks" genannt, welches mit dem Slogan „Biology by Design" Organismen für Kunden weltweit herstellen. Dabei werden u. a. sog. Laborlebewesen wie z. B. eine Pilzzelle, die die Gene einer Pfirsichpflanze beherbergt, Technologien wie schnelles Prototyping oder Ingenieurwissenschaften eingesetzt.

Das Positionspapier der „Ständigen Senatskommission für Grundsatzfragen der Genforschung der Deutschen Forschungsgemeinschaft (DFG) zum Thema „synthetische Biologie" (DFG 2018) bringt den Kern der Herausforderungen für den Gesetzgeber und Unternehmen auf den Punkt, denn es dreht sich um die ethische Debatte (S. 21) und die potenziellen Konsequenzen:

„Auch wenn keine grundsätzlich neuen ethischen Fragen auftreten, muss berücksichtigt werden, dass die Reichweite und Größenordnung der Forschung das Bisherige übersteigt – durch die Erhöhung des Unsicherheitsspielraums, die mit der Neuentwicklung von synthetischen Organismen eröffnet wird, sowie durch nicht natürliche Referenzsysteme und die hohe Komplexität der Forschung. Damit steigen auch die Risiken für die Sicherheit (Biosafety) und den möglichen Missbrauch (Biosecurity und Dual Use). Dies wird beispielsweise auch in dem aktuellen Consensus Study Report der National Academies of Sciences, Engineering and Medicine, USA, mit dem Titel ‚Bio-defense in the Age of Synthetic Biology' diskutiert."

Innovationsförderung ist vielfältig, und in diesem Fall geht es um Ethik, Werte und gesellschaftliche Kompromisse. Die Förderung von Innovationen wird durch Restriktionen oder Freiheiten durch den Gesetzgeber geregelt, der den rechtlichen Rahmen setzen muss, wie weit die biotechnologischen Entwicklungs- und Forschungsprojekte gehen dürfen. Hier kollidieren global betrachtet Systeme miteinander, weil in Regionen mit anderen ethischen Interpretationen möglicherweise in der Biotechnologie viel weitergehend geforscht, entwickelt und angewendet werden darf als bei uns in Deutschland, wodurch für andere Länder ein Wettbewerbsvorteil entstehen kann.

3.4   Smart Factory

Globaler Wettbewerb bedeutet nicht nur, innovative Produkte und Dienstleistungen zu entwickeln, Daten zu schützen und Fokus auf den Kunden, sondern auch mit kürzeren Neuproduktlebenszyklen umzugehen und die Fabriken der Zukunft als System flexibler zu gestalten. Künstliche Intelligenz, Maschinen-zu-Maschinen-Interaktionen und neue Produktionskonzepte fließen im neudeutschen Ausdruck „Smart Factory" zusammen.

Das Bundesministerium für Wirtschaft und Energie (BMWI) definiert diesen Ausdruck wie folgt (BMWI 2020):

„Die Fabrik der Industrie 4.0 basiert auf intelligenten Einheiten: Maschinen koordinieren selbstständig Fertigungsprozesse, Service-Roboter kooperieren in der Montage auf intelligente Weise mit Menschen, fahrerlose Transportfahrzeuge erledigen eigenständig Logistikaufträge. Industrie 4.0 bestimmt dabei die gesamte Lebensphase eines Produktes: Von der Idee über die Entwicklung, Fertigung, Nutzung und Wartung bis hin zum Recycling."

Wenn die „intelligente Fabrik" das Zukunftskonzept für Fertigung ist, welchen Herausforderungen müssen sich deutsche Unternehmen stellen?
Dazu ein **Gastkommentar von Prof. Dr. Volker Nestle:**

„Im Zuge der Globalisierung wird auch die Produktionstechnik in Deutschland zunehmend unter Wettbewerbsdruck gesetzt. In vielen Bereichen des Maschinenbaus entwickeln sich vorhandene Lösungen immer schneller zu Commodities und erfordern eine hocheffiziente Leistungserstellung bzw. Produktionsmethoden, um auf der Kostenseite konkurrenzfähig zu bleiben und in Stückzahlen zu kommen. Gleichzeitig wächst der Innovationsdruck auf die etablierten Unternehmen, da teure bestehende Infrastruktur an Standorten mit hohen Lohnstückkosten nur durch Differenzierung mit innovativen Lösungen aufrechterhalten werden kann.

Die intelligente Fabrik bzw. Smart Factory bietet einen großen Lösungsraum für neue produktionstechnische Ansätze, um ständig kürzer werdenden Produktlebenszyklen, zunehmender Variantenvielfalt, immer kürzeren Lieferzeiten und steigenden Qualitätsanforderungen effektiv und effizient zu begegnen.

Die Grundidee der Smart Factory liegt in der Kapselung der zur Beherrschung dieser Zielparameter benötigten fertigungstechnischen Komplexität mittels Assistenzsysteme oder „Cyber Physischer Systeme" (CPS). Diese Logik unterscheidet sich grundsätzlich von den bekannten und etablierten Methoden in der Produktionsoptimierung. So verfolgt z. B. der Lean-Ansatz eine möglichst einfache und effiziente Gestaltung von Arbeitsprozessen, um die sich aus der Produktionstechnik ergebenden Anforderungen an den Menschen möglichst gering zu halten.

CPS hingegen lassen Komplexität bewusst zu und kapseln diese durch die Kombination von Sensorik, Aktuatorik, Prozessorik und Kommunikation in dezentralen, verteilten und zunehmend autonom agierenden Systemen. Neben der immer weiter fortschreitenden Miniaturisierung und Autarkisierung dieser Systeme kommen auch immer häufiger Methoden der Künstlichen Intelligenz zum Einsatz.

Die digitale Vernetzung von CPS in einer Smart Factory kann erhebliche Effizienzpotenziale heben. Im produzierenden Gewerbe werden ca. 80 % der Fertigungszeit durch indirekte Prozesse gebunden, wobei etwa die Hälfte aller Aufträge eine Losgröße von 4 oder weniger Teilen besitzen. In der vernetzten Fertigung mit CPS können alle aufeinanderfolgenden Bearbeitungsschritte und Wertströme flexibel nach verschiedensten Zielparametern optimiert werden (z. B. Durchlaufzeit, Energieverbrauch, Rüstzeiten). Dabei wird die dahinterliegende Komplexität in CPS bzw. der Smart Factory so gekapselt, dass sich der Betreiber beherrschbaren Anforderungen gegenübersieht.

Auf der anderen Seite steigen die Anforderungen an Hersteller und Anbieter von Smart-Factory-Lösungen erheblich. Über die Entwicklung von CPS und praktikablen Lösungen für deren Vernetzung im Feld sind in der Ende-zu-Ende-Betrachtung der Leistungserstellung in einem durchgängigen Datenmodell alle Prozesse des Lebenszyklus einer Smart Factory abzubilden – von der Entwicklung über die Produktion bis in den Betrieb und den Service. Nur durch eine geeignete IT-Architektur kann im Product Lifecycle Management (PLM) sichergestellt werden, dass vernetzte CPS eindeutige digitale Repräsentanzen besitzen. Diese „digitalen Zwillinge" ermöglichen über den gesamten Produktlebenszyklus weitere Effizienzgewinne durch den Einsatz geeigneter Simulationstechnologien. So können z. B. im Model Based Engineering virtuelle Prototypen helfen, die Kosten von physischen Prototypen drastisch zu reduzieren. Im Rahmen einer virtuellen Inbetriebnahme können verschiedenste mechanische Komponenten auf Pass- und Montagefähigkeit geprüft und vorkonfiguriert bzw. programmiert werden, um die Inbetriebnahmezeiten beim Kunden zu reduzieren. Im virtuellen Modell der Anlage können im laufenden Betrieb beim Kunden individuelle Softwareaktualisierungen entwickelt, getestet und bei maximaler Anlagenverfügbarkeit (OEE) installiert werden. Durch Rückspielen von Lastparametern aus dem laufenden Betrieb können außerdem Lebensdauervorhersagen berechnet und eine kundenoptimale Servicierung der Smart Factory (prädiktive Wartung) erstellt werden.

> Die Smart Factory bietet gerade für den Standort Deutschland erhebliches Innovations- und Differenzierungspotenzial, da anspruchsvolle Technologien aus Produktion und Logistik mit IT-Architekturen für durchgängige Datenverfügbarkeit und -qualität so kombiniert werden müssen, dass der optimale Kundennutzen entsteht. Der deutsche Maschinenbau besitzt in allen genannten Herausforderungen hervorragende Voraussetzungen, um weltweit führender Innovator für Smart-Factory-Lösungen zu werden."

Nach diesem Gastkommentar bekommt man eine bessere Vorstellung davon, was für ein enormer dauerhafter Druck auf dem Mittelstand lastet. Die Anforderungen der Kunden, ob national oder international, nehmen zu. Auch hier spielt die KI eine zentrale Rolle und wird in Kombination mit anderen Technologien, wie z. B. der Robotik, auch neue Chancen für unsere Industrie eröffnen.

3.5 3D-Druck

Der 3D-Druck steht für eine Technologie, die auch als „additives Fertigungsverfahren" bezeichnet wird. Es ist eine innovative Art, Dinge zu produzieren, und 3D-Druck wird bereits in einigen Industrien eingesetzt. Dabei muss man unterscheiden zwischen additiven Fertigungsverfahren, die bereits viele Jahre in der Industrie erfolgreich im Rahmen hochpräziser Fertigungsverfahren eingesetzt werden, und den neueren Einsatzgebieten von 3D-Druckern. Entwickelt wurde diese Technologie 1983 vom US-Amerikaner Charles Hull (Matthew und Nick 2014). Dabei werden beispielsweise geschmolzene Kunststoffe, Harze, Zemente oder flüssige Metalle additiv in eine Zielstruktur übertragen. Grundsätzlich ist dieses additive Fertigungsverfahren mit vielen Materialien in den unterschiedlichsten Einsatzgebieten und Größenordnungen denkbar, abhängig jeweils von der Maschine oder dem 3D-Drucker, der diese Arbeit durchführt.

Historie des 3D-Drucks
Anhand der folgend aufgeführten Übersicht sieht man eine bereits 35-jährige Historie der additiven Fertigungsverfahren, exemplarisch hier einige wichtige Meilensteine in der Entwicklung und Etablierung dieser Technologie (3D Natives 2017):

- 1986 – Stereolithografie (3D Systems).
- 1991 – FDM Fused Deposition Modeling-Verfahren (Stratasys).
- 1995 – Metallverarbeitende Laserschmelzanlagen.
- 1996 – Binder Jetting-Anlagen (ZCorp).

- 2000 – Multi Jet Modeling-Systeme (Objet).
- 2008 – Consumer-Drucker.

Seit 2010 ist eine Beschleunigung der Einsatzgebiete des 3D-Druckes sichtbar und eine Unterstützung der Politik, insbesondere in den USA, diese Technologie im Rahmen von Innovationsförderungsmaßnahmen zu unterstützen:

2010 – Erster 3D-gedruckter Automobilprototyp namens Urbee.
2011 – Die Cornell University beginnt, 3D-Lebensmitteldrucker zu entwickeln.
2012 – Die erste Kieferprothese wird 3D-gedruckt und transplantiert.
2015 – Carbon3D bringt seinen revolutionären ultraschnellen CLIP-3D-Drucker auf den Markt.
2016 – Daniel Kellys Labor druckt Knochen in 3D.

Gerade die USA verfolgen mit Blick auf die technologische Dominanz den Ausbau der 3D-Drucktechnologie (3D Natives 2017), das additive Verfahren werde in der Öffentlichkeit bekannter und beeinflusse, so heißt es in dem Artikel, die Entscheidungen politischer Entscheidungsträger. Weiter steht darin: „Die Technologie selbst und deren Anwendung wird bis heute stetig verbessert und weiterentwickelt. Immer mehr kleine und mittlere Unternehmen profitieren von den niedrigen Preisen, die der 3D-Druck beim Prototyping bietet, und integrieren die additive Fertigung in der Iteration, Innovation und Produktion."

Neben dem im Jahr 2010 gefertigten Urbee, dem ersten 3D-gedruckten Automobilprototyp, dessen Gehäuse vollständig von einem riesigen 3D-Drucker hergestellt wurde, entwickelt sich der 3D-Druck als eine attraktive Herstellungsalternative zu traditionellen Herstellungsverfahren. Spannender wird der Blick auf die Weltraumtechnologie, die Erforschung des Weltraums, die Besiedelung neuer Planeten, den Bau von Unterbringungen für Menschen auf dem Mond oder Mars, die Versorgung der Astronauten mit Lebensmitteln und die Aufrechterhaltung der Gesundheit. Überall sieht man potenzielle Einsatzgebiete für 3D-Drucker, die heute zwar noch keine hochpräzisen anspruchsvollen Produkte in der Heimanwendung produzieren können, aber durch den zunehmenden Einsatz bei kleinen und mittleren Unternehmen verbessert sich die 3D-Drucktechnologie zunehmend. Weiter heißt es in dem Artikel (3D Natives 2017): „2011 begann die Cornell University mit dem Bau eines 3D-Lebensmitteldruckers. Auf den ersten Blick mag es vielleicht nicht spektakulär klingen, jedoch erforscht die NASA, wie Astronauten im Weltall Nahrung in 3D drucken können. Außerdem brachte die NASA 2014 einen

3D-Drucker ins Weltall, um die ersten 3D-gedruckten Bauteile in der Raum-
station herzustellen. Des Weiteren ermöglicht der 3D-Druck diverse medizinische
Fortschritte: Gewebe, Organe und Low-Budget-Prothesen."

3D-Druck in der Medizin
Bei der Herstellung von Musterbauteilen (Rapid Prototyping) und Werkzeugen
(Rapid Tooling) hat sich das additive Fertigungsverfahren in der Industrie
bereits bewährt. Nun ist der Einsatz in der Medizin der nächste logische Schritt.
Die Dentaltechnik nutzt die 3D-Drucktechnologie, um beispielsweise aus ver-
schiedenen Kunststoffen Schienen oder Prothesen herzustellen.

Bei der Vorbereitung von Operationen in der Mund-, Kiefer- und Plastischen
Gesichtschirurgie können auf die einzelnen Patienten speziell zugeschnittene
Medizinprodukte hergestellt werden, individuelle Werkstücke. Das können
Knochenfragmente sein, die nach einem Unfall oder vor einer Knochenent-
fernung im Rahmen einer Tumoroperation digital vorgeplant und von einem
3D-Drucker produziert werden können. Auch im Rahmen des Medizinstudiums
oder der Facharztausbildung können anatomische 3D-Modelle mit den anspruchsvollen geometrischen Strukturen mehrfarbig und aus verschiedenen Materialien
für Trainings- und Lernzwecke hergestellt werden. Im Bereich der Hals-, Nasen-
und Ohrenheilkunde werden inzwischen Hörprothesen passgenau gefertigt. Dabei
wird das Ohr des Patienten mit einem 3D-Scanner gescant, um einen perfekten
digitalen Abdruck des Ohres des Patienten zu erhalten. Aktuell werden die Hörprothesen aus Harz gedruckt.

Eine Weiterentwicklung der 3D-Drucktechnologie in der Medizin ist das sog.
Bioprinting (Biodruck), das zum Ziel hat, Gewebe und Organe herzustellen. Bei
dieser Methode werden zelluläre Strukturen mit einem neuartigen 3D-Drucker
geschaffen, die eine Organbildung ermöglichen soll. Unternehmen wie Organovo
entwickeln u. a. Knochengewebe durch Bioprinting.

Das kanadische Unternehmen Aspect Biosystems hat einen 3D-Drucker der
neuen Generation entwickelt, um menschliches Gewebe zu drucken. Zu den
Zielen sagt das Unternehmen (Aspect Biosystems 2020):

„Aspect Biosystems hat Konzepte im 3D-Druck, im Bereich des Lab-on-a-Chips,
sowie in der Herstellung von Gewebe und CAD entwickelt, um eine der modernsten
3D-Bioprinting-Technologien zu realisieren. Aspects Lab-on-a-Printer ™ -Plattform-
Technologie stellt eine völlig neue Art des 3D-Biodrucks dar, die speziell mit der Fähigkeit konstruiert wurde, physiologisch komplexes, lebendes Gewebe auf Anfrage für
breite Anwendungen in den Life Sciences herzustellen. Anders als bereits bestehende
Biodruckverfahren, die sich auf bereits ‚vor-definierte' Tinte beziehen, hat Aspect
Biosystems einen Druckkopf entwickelt, der verschiedene Ausgangsmaterialien und

lebende Zellen gezielt verarbeiten kann, sodass verschiedene Biomaterialien entstehen. Die lebenden, 3D-gedruckten Strukturen können mehrere verschiedene Zelltypen, Lokalisierungsfaktoren und unterschiedliche potenzielle Gerüste enthalten, die für verschiedene Zellarten verwendet werden können. Präzise und reproduzierbare Zellpositionierung in 3D, hohe Zelllebensfähigkeit, hohe physiologische Gewebefunktion und schnelles Drucken sowie die Fähigkeit, die Bio-Tintenzusammensetzung anzupassen, macht Aspects zu einem flexiblen Lab-on-a-Printer."

Die Ausrichtung dieses Unternehmens ist auch mit Blick auf den Organspendermangel in Europa wichtig. Es sterben immer noch viele Patienten, die auf Organe warten, auf der Warteliste. Im Rahmen der Innovationsförderung sollte die 3D-Drucktechnologie daher genauso wie die synthetische Biologie stärker gefördert werden. Die Thematik „Organe" berührt aber auch andere Bereich wie die Genetik oder Stammzellenstrategien, die als ganzheitliche Strategie zusammenkommen müssten, sei es als Cluster-Lösung oder durch ein von den Industrien selbst konzipiertes Gesamtprojekt.

Der 3D-Druck von Medikamenten steht aufgrund sehr hoher Anforderungen und Regularien noch am Anfang, jedoch haben sich bereits einige Start-Ups dieses Segmentes angenommen. Es bleibt abzuwarten, ob der 3D-Druck sich in vielen Bereichen in der Medizin durchsetzt und ob nicht bis zur Etablierung dieser Technologie wiederum andere neue Technologie den 3D-Druck überholen werden.

3.6   Matching von Mittelstand und Forschung

Die Umsetzung von Forschungsergebnissen in innovative global konkurrenzfähige Produkte und Dienstleistungen ist Grundlage für den wirtschaftlichen Erfolg unseres Landes. Die Effizienz dieser Kompetenz, die Anwendungsorientierung und die Experimentierfreudigkeit, mit diesen Forschungsergebnissen seitens des Mittelstandes die Zukunft zu gestalten, hängt auch von der Verzahnung von Forschung und Unternehmen ab.

Dazu der Gastkommentar von Jan-Frederik Kremer[1] „Auf dem Weg in die Zukunft: Matching von Mittelstand und Forschung für ein innovatives Deutschland":

„Glücklicherweise rückt der Mittelstand aktuell wieder stärker in den Fokus des öffentlichen Bewusstseins. Ja, dieses – sehr wichtige und richtige – Buchprojekt ist gewissermaßen auch ein Kind dieser Entwicklung. Abseits von Allgemeinplätzen über die, wohl bekannte und belegte, Bedeutung des Mittelstandes für die deutsche und europäische Volkswirtschaft ist es erfrischend und belebend zugleich, sich wieder substanzieller mit der Frage zu beschäftigen, wie wir gemeinschaftlich die globale Wettbewerbsfähigkeit unserer KMU nicht nur erhalten, sondern ausbauen können. In einem sehr kompetitiven und sich immer schneller wandelnden Marktumfeld (die Buzz-Wörter „Digitalisierung", „kürzere Innovationszyklen", „Disruption" etc. sind mittlerweile auch in der Tagesschau angekommen) wird es immer wichtiger, schnell und erfolgreich innovative Ideen in marktfähige und kompetitive Produkte/Lösungen umzusetzen und zu kapitalisieren. Und bei aller – nur teilweise berechtigten – Euphorie um entstehende Start-Ups: Auch etablierte Unternehmen sind gefordert, ständig zu innovieren. Egal, ob disruptive oder inkrementelle Innovationen: Entscheidend ist die Geschwindigkeit bei Forschung, Umsetzung zur Marktreife und Durchdringung des Marktes. Während neue, zum Teil sich erst schaffende, Märkte für disruptive Innovationen (insbesondere B2C) fast ausschließlich nach der Logik einer Winner-takes-it-all-Ökonomie arbeiten, funktioniert das Spiel bei industrienahen B2B-Innovationen (noch) anders. Nicht zufällig liegen hier auch die Stärken und Marktanteile des forschungsstarken, i.d.R. stark integrierten und vernetzten deutschen Mittelstandes.

Wenig überraschend spielen hierbei die erfolgreichen Innovationstätigkeiten von Mittelständlern eine übergeordnete Rolle. Daher sprechen (wieder einmal) alle von erfolgreichem Matching, Match-Making, Networking und/oder Vernetzung von KMU mit Forschungseinrichtungen, Start-Ups etc. Doch wo stehen wir beim Thema mittelstands- und anwendungsorientierte Forschung und Vernetzung? Vor welchen Herausforderungen stehen wir und wie können wir darauf reagieren?

Hier einige Thesen und Anregungen:

Anwendungsorientierte und mittelstandorientierte Forschung ist keine neue Erfindung.

Anwendungs- und mittelstandsorientierte Forschung (oder das Zusammenbringen/Matching von KMU und Forschung) wird nicht nur tagtäglich, sondern schon seit Jahrzehnten in Deutschland sehr erfolgreich praktiziert.

---

[1]Jan-Frederik Kremer ist Geschäftsführer der AiF FTK GmbH, einer einhundertprozentigen Tochter der gemeinnützigen AiF Arbeitsgemeinschaft industrieller Forschungsvereinigungen „Otto von Guericke" e. V. und Erfinderin des InnovatorsNet, des niederschwelligen und digitalen Zugangs zum Forschungsnetzwerk Mittelstand. Sie erreichen Jan-Frederik Kremer unter jfk@aif-ftk-gmbh.de.

Vielen Dank an Paula Erlichman und Robert Huintges für die vielen fundierten und hilfreichen Anmerkungen zu diesem Beitrag.

Die Industrielle Gemeinschaftsforschung (IGF) des BMWi und die hierfür eigens gegründete Arbeitsgemeinschaft industrieller Forschungsvereinigungen „Otto von Guericke" e.V. (AiF) bringt seit den 1950er-Jahren sehr erfolgreich tausende KMU in vorwettbewerblichen und themenoffenen Forschungsprojekten mit Forschungseinrichtungen zusammen. Wenn man so will, eine der ersten Public-private-Partnerships in Deutschland. Mehr noch, hier wird seit Jahrzehnten auch sehr erfolgreich ein Bottom-up-Ansatz von Innovationsförderung praktiziert: Die KMU legen gemeinschaftlich und partnerschaftlich mit den bzw. durch die Forschungsvereinigungen der deutschen Industrie fest, woran geforscht wird (branchenweite Relevanz), und erhalten so vielfach überhaupt erst die Möglichkeit, von zum Teil wegweisenden Forschungsergebnissen zu profitieren. Denn: In vielen Fällen können und wollen KMU derartige F&E-Kapazitäten nicht vorhalten. Die stetig wachsende Zahl teilnehmender Unternehmen ist das beste Argument für die andauernde und gestiegene Relevanz.

Heute gibt es unzählige weitere öffentliche, teilöffentliche und private Maßnahmen und Initiativen, die an die Erfolge der IGF anknüpfen und ein nachhaltige Vernetzung von Mittelstand und Forschung ermöglichen (z.B., ZIM KMU-innovativ, AiF FTK InnovatorsNet, Aktivitäten der Fraunhofer Institute, Transferstellen uvm.). Just in diesem Moment laufen in Deutschland und Europa tausende konkrete F&E- und Innovationsprojekte mit und für den Mittelstand.

Aber: Es gibt eine Reihe von profunden Herausforderungen.

Zur Wahrheit gehört auch, dass Forschung von und für den Mittelsand sich mit denselben Herausforderungen konfrontiert sieht wie Innovationsprozesse insgesamt. Nur: Mittelständler sind von den Herausforderungen vielfach stärker betroffen. Hier einige kurze Schlaglichter auf wesentliche Herausforderungen, die konkret die Vernetzung von Forschung und mittelständischen Unternehmen betreffen:

1. Innovationen fallen nicht vom Himmel: Innovation gibt es weder auf Bestellung noch auf Knopfdruck, auch gibt es keinen „Königsweg zur Innovation". Innovationen (ja, auch disruptive Innovationen) entstehen nicht aus dem Nichts oder gar per Zufall. Hinter jeder disruptiven Innovation stehen die erfolgreiche Kreierung und Umsetzung einer Idee, persönliches Commitment und Schaffenskraft sowie ganz besonders ein Netzwerk von Akteuren bzw. belastbaren Eintrittspunkten in die „Worlds of Innovation". Ihre Entstehung und erfolgreiche Durchsetzung gründet sich in komplexen Systemen der Innovationen, die es ermöglichen, die Übergänge von der Idee zur erfolgreichen Innovation zu meistern.

2. Geschwindigkeit ist entscheidend: Innovations- und Produktzyklen werden immer kürzer, und gleichzeitig erwarten der Markt und die Kunden Over-the-Air-Aktualisierungen von Lösungen und Produkten, nicht nur im B2C-Geschäft. Dies stellt jedoch gerade mittelständische Unternehmen vor enorme Herausforderungen. Für KMU sind die notwendigen Investitionen oftmals nicht alleine zu stemmen. Hier sind neue Formen der Zusammenarbeit, des Innovations- und Projektmanagements ebenso gefragt wie ein Mind-shift in den Führungsetagen etablierter Unternehmen.

3. Fehlender Zugang zu Innovationssystemen oder Forschungsnetzwerken: Die vielleicht größte Herausforderung ist, dass noch zu vielen mittelständischen Unternehmen der Zugang zu Wissen, F&E-Kapazitäten, Netzwerken, Fachkräften,

innovativen Lösungen und Co. fehlt oder dass im Tagesgeschäft keine Kapazitäten für ein umfassendes und strategisches Monitoring passender Programme, Forschungseinrichtungen etc. vorhanden ist. Auch wenn es nahezu unendlich viele Anlaufpunkte, existierende Initiativen und Akteure gibt, so finden viele KMU noch zu selten den richtigen und schnellsten Weg zu den passenden Partnern und Ansprechpartnern. Die überbordende Komplexität, Differenzierung und Vielfältigkeit der Innovationssysteme und Netzwerke verschärft diese Problematik eher, und während sich große Corporates ganze Units dafür leisten können, die Komplexität zu durchdringen und für das eigene Unternehmen zu bewerten, um sich dann gezielt zu vernetzen und Projekte zu initiieren, haben KMU hierfür oftmals schlicht weder die Kapazitäten noch die benötigten Skills, Erfahrungen und Zugänge. Die Innovationssysteme sind, auch in der Praxis, in aller Regel zugänglich – nur der Point of Entry zu ihnen ist oft nicht bekannt oder für einige KMU zu beschwerlich.

Wie können wir den Herausforderungen begegnen?
Um diesen Entwicklungen und Herausforderungen erfolgreich begegnen zu können und den Zugang von KMU zu anwendungsorientierten Innovationen und Forschung weiter zu stärken, ist eine Reihe von Maßnahmen sinnvoll. Im Rahmen eines kurzen Gastkommentars kann nur schwerlich eine ausführliche Aufnahme und Bewertung von Maßnahmen erfolgen, jedoch können wir abschließend einen ersten, galoppartigen Blick auf einige Ansätze und Beispiele werfen:
Vernetzung und Kollaboration unterstützen: Schon lange ist bekannt, dass Zusammenarbeit über die Grenzen der eigenen Institution hinaus Innovationen befördert oder zum Teil erst ermöglicht. Open-Innovation, F&- Kooperation und die Zusammenarbeit mit Start-Ups sind einige gute Beispiele dafür. Viele KMU sind erst durch strategische Kooperationen und gelebte Kollaboration in der Lage zu forschen bzw. größere Innovationsprojekte zu stemmen. Dies belegt auch das stetig wachsende Interesse von KMU, an IGF-Projekten aktiv mitzuwirken. Aktuell sind so z.B. über 25.000 KMU in den projektbegleitenden Ausschüssen eingebunden. Neben der Anerkennung einer Notwendigkeit derartiger Maßnahmen, die in den Unternehmen wachsen muss, gilt es an dieser Stelle aktiv und zeitgemäß zu unterstützen. Hier haben sowohl analoge Instrumente wie Verbände, Forschungsvereinigungen und Match-Making-Aktivitäten als auch neue digitale Instrumente wie zum Beispiel der Einsatz von KI, Nutzung von Schwarmintelligenz oder Digitale Value Creation Frameworks, um nur einige Beispiele zu nennen, ihre Relevanz.
Mehr Transparenz und Eintrittspunkte für KMU schaffen, Komplexität reduzieren: Ein wesentliches Problem bleibt aber trotz mannigfaltiger Angebote und schon erfolgreich praktizierter Kollaboration bestehen: die enorme Komplexität der Innovationssysteme. Auch wenn es vielfach schon gelebte und belastbare Forschungs- und Innovationsnetzwerke gibt, so fehlt doch (immer noch) vielen KMU der Zugang zu diesen oder relevanten Partnern. Dies betrifft übrigens ausdrücklich auch den Zugang für KMU zu für sie relevanten Lösungen von Start-Ups. Die enorme Komplexität, Vielzahl von Ansprechpartnern und Akteuren wirkt hier eher hemmend als aktivierend. Bisherige, meist statische oder rein analoge Lösungen sind hier weder konsequent noch weitreichend genug umgesetzt.

Digitalisierung, agile Methoden, Out-of-the-Box-Denken, Risikobereitschaft und Disruption sehen wir noch zu wenig. Noch scheint es keine „perfekte" Lösung des Problems zu geben,

Es wird spannend sein zu beobachten, wie sich aktuelle Initiativen, z.b. die des AiF FTK InnovatorsNet, Plattformen des BMBF oder BMWi entwickeln und ob diese nennenswerte Fortschritte erreichen können.

Talente fördern: Innovationen werden von Menschen gemacht. Mutige Talente, kluge Köpfe, unkonventionelle Querdenker, harte Arbeiter, bunte Teams und zufällige Begegnungen lassen Innovationen das Licht der Welt erblicken. Diese gilt es zu fördern und, auf allen Ebenen und in allen Bereichen, eine Kultur zu schaffen, die Innovationen begünstigt. Müßig zu erwähnen, dass dies, im positivsten Sinne des Ausspruches, eine andauernde Kraftanstrengung ist. Die Wege sind oft bekannt und werden doch viel zu selten gemeinsam und konsequent genug begangen.

Am Ende des Tages wird es eine Kombination aus vielerlei Faktoren sein, die darüber entscheiden wird, ob es uns auch in Zukunft gelingt, mit innovativen Lösungen und Produkten den Weltmarkt zu überzeugen. Die Voraussetzungen hierfür sind in Deutschland und der EU, allen Unkenrufen zum Trotz, gegeben. Daher ist es wichtig und richtig, dass dieses Werk Antworten, Konzepte und Lösungen anbietet und Experten mit verschiedensten Perspektiven Schlaglichter auf eine moderne und zeitgemäße wirtschaftspolitische Innovationsförderung werfen lässt. In gewisser Weise ist dieses Buch selbst Ausdruck und zugleich Ergebnis der Stärke unserer Innovationssysteme."

Der Gastkommentar unterstreicht nochmal die Notwendigkeit, wissenschaftliche Forschungsergebnisse, etablierte Unternehmen und Start-Ups effizienter zusammenzuführen. Die Verzahnung dieser Bereiche hat enormes Potenzial für die Zukunft und sollte im Rahmen der Innovationsförderung weiter etabliert werden.

Literatur

ASPECT BIOSYSTEMS. (2020). https://www.aspectbiosystems.com/. Zugegriffen: 1. März 2020.

BMWi. (2020). Definition „Smart Factory". https://www.bmwi.de/Redaktion/DE/FAQ/Industrie-40/faq-industrie-4-0-03.html. Zugegriffen: 8. Dez. 2019.

DFG. (2018). Positionspapier der „Ständigen Senatskommission für Grundsatzfragen der Genforschung der Deutschen Forschungsgemeinschaft (DFG) zum Thema „Synthetische Biologie".

EFI. (2019). https://www.e-fi.de/fileadmin/Gutachten_2019/EFI_Gutachten_2019.pdf. Zugegriffen: 7. Dez. 2019.

Mackey, T. K., & Nayyar, G. (2016). Digital danger: A review of the global public health, patient safety and cybersecurity threats posed by illicit online pharmacies. *British Medical Bulletin, 118*(1), 110–126.

Peng, S. Y. (2015). Cybersecurity threats and the WTO national security exceptions. *Journal of International Economic Law, 18*(2), 449–478.
3D Natives. (2017). https://www.3dnatives.com/de/startup-des-monats-aspect-biosystems 120920171/. Zugegriffen: 4. Jan. 2020.

Weiterführende Literatur

Bertelsmann Stiftung. https://www.bertelsmann-stiftung.de/fileadmin/files/user_upload/Studie_Indische_Investitionen_in_Deutschland_dt.pdf. Zugegriffen: 8. Dez. 2019.
BMWi. https://www.bmwi.de/Redaktion/DE/Pressemitteilungen/2019/20190122-deutschland-und-indien-weiten-kooperation-aus.html. Zugegriffen: 8. Dez. 2019.
BR. (2019). https://www.br.de/mediathek/video/schluss-mit-made-in-germany-china-kauft-den-mittelstand-av:5d4c94ef62df55001a35ee5b. Zugegriffen: 8. Dez. 2019.
BRF. https://brf.be/national/1342802/. Zugegriffen: 5. Jan. 2020.
Brown, T., & Katz, B. (2011). Change by design. *Journal of product innovation management, 28*(3), 381–383.
Brown, J. S. (Hrsg.) (1997). *Seeing differently* HBR Book, Foreword.
Cameron, K. S., & Quinn, R. E. (1998). *Diagnosing and changing organisational culture based on the competing values framework.* Addison Wesley.
Chang, R. Y. (1994). Continuous improvement tools. *Richard Chang Associates* (Erstveröffentlichung 1993).
Douglas, H. E., & David, C. K. (2004). Insights into innovation. *Science, 304*(5674), 1117–1119. Zugegriffen: 21. Mai 2004.
Drennan, D. (1999). *Pennington Steuart: 12 ladders to world class performance.* Kogan.
FAZ Zeitung. https://www.faz.net/aktuell/wirtschaft/netzwirtschaft/sony-der-grosse-datenklau-1625574.html. Zugegriffen: 5. Jan. 2020.
FAZ Zeitung. https://www.faz.net/aktuell/wirtschaft/unternehmen/yahoo-drei-milliarden-accounts-von-datenklau-betroffen-15229889.html. Zugegriffen: 5. Jan. 2020.
FAZ Zeitung. https://www.faz.net/aktuell/wirtschaft/agenda/bildungswesen-in-china-63-prozent-der-kinder-brechen-schule-ab-15209056.html. Zugegriffen: 8. Dez. 2019.
FAZ Zeitung. https://www.faz.net/aktuell/wirtschaft/unternehmen/hacker-angriff-weltweite-cyberattacke-trifft-computer-der-deutschen-bahn-15013583.html. Zugegriffen: 5. Jan. 2020.
Fitzenz, J. (2000). The ROI of human capital. *American Management Association.*
Fonseca, J. (2002). *Complexity and innovation in organizations.* Routledge, London and NY.
Fritz, R. (2000). *Der Weg des geringsten Widerstandes.* Klett Cotta.
Gemünden, H. G., & Jörn, L. (2007). Innovationsmanagement und-controlling – Theoretische Grundlagen und praktische Implikationen. *Controlling & Management, 51,* 4–18.
Hamel, G. Strategy as revolution. In J. S. Brown (Hrsg.), *Seeing differently.* Heise. https://www.heise.de/security/meldung/Datenklau-bei-British-Airways-380-000-Bank-und-Kreditkartendaten-erbeutet-4157167.html. Zugegriffen: 5. Jan. 2020.

Kaplan, R. S., & Norton, D. P. (2001). *The strategy-focused organization.* Harvard Business School Press.

Kelley, T. (2001). The art of innovation – Lessons in creativity from IDEO. *Currency.*

Manning, T. (2001). Making sense of strategy. *American Management Association.*

Matthew, P, & Nick G. C. (2014) 'The night I invented 3D printing' – CNN. http://edition. cnn.com/2014/02/13/tech/innovation/the-night-i-invented-3d-printing-chuck-hall/index. html Zugegriffen: 04.02.20.

McKinsey. https://www.mckinsey.de/publikationen/2018-12-05---tech-giants-made-in-germany. Zugegriffen: 7. Dez. 2019.

Mirow, C., Hölzle, K., & Gemünden, H. G. (2007). Systematisierung, Erklärungsbeiträge und Effekte von Innovationsbarrieren. *Journal für Betriebswirtschaft, 57*(2), 101–134.

Nonaka, I., & Takeuchi, H. (1995). *The knowledge-creating company – How Japanese companies create the dynamics of innovation.* Oxford Press.

Pfeffer, J., & Sutton, R. I. (2001). *Wie aus Wissen Taten werden. So schließen die besten Unternehmen die Umsetzungslücke.* Campus Fachbuch.

REFA. https://refa.de/service/refa-lexikon/smart-factory. Zugegriffen: 7. Dez. 2019.

Sattes, I., et al. (2001). *Praxis in kleinen und mittleren Unternehmen (Checklisten für die Führung und Organisation in KMU).* vdf Hochschulverlag an der ETH Zürich.

Scharmer, O. Theory U – Leading profound innovation and change by presencing emerging futures. http://www.ottoscharmer.com/TheoryU.pdf. Zugegriffen: 7. Dez. 2019.

Schein, E. (2003). *DEC is dead, long live DEC – Lessons on innovation, technology, and the business gene.* Berrett-Koehler.

Schumpeter, J. A. (1926). *The theory of economic development, R. Opie, Transl.* Cambridge: Harvard University Press.

Sculpteo. https://www.sculpteo.com/blog/de/2018/04/11/die-geschichte-des-3d-drucks/. Zugegriffen: 4. Jan. 2020.

Senge, P. M., Scharmer, C. O., Jaworski, J., & Flowers, B. S. Awakening faith in an alternative future. http://www.ottoscharmer.com/AwakeningFaith.pdf. Zugegriffen: 7. Dez. 2019.

Sensortechforum. https://sensorstechforum.com/de/healthcare-gov-data-theft/. Zugegriffen: 5. Jan. 2020.

Spotfolio. https://spotfolio.com/2019/09/30/neue-kpmg-studie-die-10-wichtigsten-technologien-fuer-die-geschaeftstransformation/. Zugegriffen: 7. Dez. 2019.

Stacey, R. D. (2001). *Complexity and creativity in organizations.* Berrett Köhler. Publ. Inc., ISBN: 978-1-881052-89-0

Stuttgarter Nachrichten. https://www.stuttgarter-nachrichten.de/inhalt.groesster-datenklau-bisher-hacker-erbeuten-1-2-milliarden-profildaten.d019cea4-b0e2-47a8-bd1b-9aa4b09a34a1.html. Zugegriffen: 5. Jan. 2020.

Utterback, J. (1996). *Mastering the dynamics of innovation.* Harvard Business School Press.

Wahren, H.-K. (2004). *Erfolgsfaktor Innovation (Ideen systematisch generieren, bewerten und umsetzen).* Springer.

Welt Zeitung. https://www.welt.de/kmpkt/article167102506/Facebook-musste-AI-abschalten-die-Geheimsprache-entwickelt-hat.html. Zugegriffen: 28. Nov. 2019.

Yeung, A. K., Ulrich, D. O., Nason, S. W., & Von Glinow, M. A. (1999). *Organizational learning capability.* Oxford University Press.

Zeit. https://www.zeit.de/news/2018-11/01/us-hedgefonds-steigt-bei-deutscher-bank-ein-181101-99-625236. Zugegriffen: 5. Jan. 2019.

China, Indien und die Frage der Resilienz in Deutschland

Wichtige Erfolgsfaktoren unserer globalen Wettbewerber sind multidimensional. Im Folgenden sollen einige hervorzuhebende Punkte angesprochen werden. In Gesprächen mit Unternehmern höre ich gelegentlich eine gewisse Gelassenheit heraus, dass andere Länder wie China, Indien oder Nigeria enorme Bildungsprobleme hätten und dass man sich die nächsten 20 Jahre keine Sorgen machen müsse. Die Belastbarkeit junger und älterer Individuen in einer Leistungsgesellschaft über viele Jahre, vergleichbar mit einem Langzeitrennen, entscheidet im globalen Wettbewerb. Für uns in Deutschland wird in Zukunft spürbar werden, dass wir diese zunehmende Härte wie in einem Sportwettbewerb akzeptieren und uns auf das Ziel, vorne zu bleiben, mental und körperlich vorbereiten müssen.

4.1 China

In der Tat las ich 2019 einen Artikel in der Frankfurter Allgemeinen Zeitung (FAZ 2019) von Hendrik Ankerbrand mit dem Titel „Bildungsproblem in China: Zwei von drei chinesischen Landkindern brechen Schule ab". Im Artikel heißt es auch, die Rede des Stanford-Ökonomen Scott Rozelle über den Bildungsgrad der chinesischen Bevölkerung hätte drastisch gezeigt, dass 63 % der chinesischen Kinder auf dem Land mit 15 Jahren die Schule abbrechen würden nach der Pflichtschulzeit bis zur neunten Klasse und dass die Situation so wäre, dass China ein Bildungsproblem habe, so Rozelle. Es sei so gewaltig, dass es die Zukunft des Landes bedrohe, so sehr wie keine andere Widrigkeit auf dem erhofften Weg an die Weltspitze.

Da kann der deutsche Mittelstand durchatmen? Natürlich nicht! China ist ein sehr starkes, innovatives und kreatives Land. Die Tausende Jahre während

© Der/die Herausgeber bzw. der/die Autor(en), exklusiv lizenziert durch Springer Fachmedien Wiesbaden GmbH, ein Teil von Springer Nature 2020
P. Plugmann, *Innovationsförderung für den Wettbewerb der Zukunft*,
https://doi.org/10.1007/978-3-658-30127-9_4

Kultur von Traditioneller Chinesischer Medizin, der globale Handel, die Errichtung von Mega-Bauten und Mega-Cities, die Versorgung von über einer Milliarde Menschen, die vorbildliche Arbeitseinstellung und der Ehrgeiz werden in den nächsten Jahrzehnten die Führungsposition Chinas zementieren.

Seit meinen beruflichen Besuchen in Asien, speziell in China, ist die zukünftige Dominanz dieser Region spürbar und sichtbar. Wer in China in Shanghai, Hongkong, Shenzhen oder Guangzhou war und mit den Start-ups, Studenten, Ingenieuren und Unternehmern Kontakt hatte, wird bestätigen, dass dort ganz massiv die Post abgeht. Sie müssen den Inhalt des o. g. Artikels über das angebliche Bildungsproblem aus einer anderen Perspektive sehen: China ist bereits von der Arbeitseinstellung, Disziplin, Belastbarkeit, Zielstrebigkeit und Ausdauer jetzt schon so zukunftsfit und stark, dass, wenn die zwei Drittel zum Teil auch noch bildungstechnisch dazukommen, unser Mittelstand Probleme bekommen wird, aus der dann einsetzenden wirtschaftlichen Zweitklassigkeit wieder herauszukommen.

Ich persönlich habe vor Ort in den USA, Japan, Singapur, Indien, Thailand, Südafrika, Kanada, Dubai und Europa viele privatwirtschaftliche und akademische Innovationsumgebungen erlebt und kann China nur als vorbildlich und durchschlagsstark beschreiben. Sie müssen dort gewesen sein und werden die Power nach kurzer Zeit spüren und verstehen. Da helfen keine Zeitungsartikel oder YouTube-Videos, man muss hin und sich persönlich ein Bild vor Ort machen. Die Technologieaffinität war gerade in Hongkong und Umland faszinierend. Die Besuche der Drohnen-Rennen, die Roboter-Kämpfe in ausverkauften Mega-Hallen und die Spiel- und Experimentierfreude junger Menschen haben mich begeistert. Das kombiniert mit einer Innovationskultur, in der man problemlos sog. „Komische Ideen" äußern kann, eine Prototyp-Herstellungsgeschwindigkeit von wenigen Tagen und Produktionslinien, bei denen die Designer, Ingenieure und Studenten direkt am Band werkeln, führt zu einer enormen Gesamtgeschwindigkeit des Systems.

Des Weiteren sind die Schulen und Universitäten, zumindest da, wo ich unterwegs war, auf einem hohen technologischen Stand, da können selbst deutsche Privatuniversitäten dazulernen.

Wir neigen dazu, andere Länder in der Vorausschau in die Zukunft zu unterschätzen und durch Rankings in Europa unsere Stellung zu überschätzen. Die neuen Generationen „Hidden Champions" kommen aus Asien, es ist nur eine Frage der Zeit. Man muss es als Chance begreifen und unsere Gesellschaft darauf einstellen und vorbereiten. Es ist eine Kopfsache, man muss eine positive Einstellung zu den bevorstehenden Veränderungen entwickeln. Meiner Einschätzung nach stehen uns große Investitionen bevor, denn aus einer buchhalterischen Spar- und

Kontinuitätsstrategie wird der globale Wettbewerb langfristig nachhaltig nicht angeführt werden können. Spieltheoretisch gesehen ist die Frage, ob wir mit unserer geringeren Investitionssumme und einem höheren Effizienzgrad wettbewerbsfähiger sein werden im globalen Wettbewerb als die Länder mit deutlich höheren Investitionssummen und einem niedrigeren Effizienzgrad.

4.2 Indien

Erstmals war ich 2007 in Indien. Mumbai ist schon ein sehr spezieller Ort, eine Stadt mit einem Straßenverkehr, der für uns sehr gewöhnungsbedürftig ist, und einem sichtbaren Unterschied zwischen arm und reich. Die ersten Besuche von Hochschulen und Unternehmen zeigten auch, dass sich technologisch in Indien viel tat.

In einer Pressemitteilung des Bundesministeriums für Wirtschaft und Energie (BMWi 2019) wurde verkündet, dass Deutschland und Indien ihre Kooperation zu Normung, Zertifizierung und Marktüberwachung in Schlüsselbereichen ausweiten. Nach dem sechsten Jahrestreffen der deutsch-indischen Arbeitsgruppe Qualitätsinfrastruktur, die am 17. und 18. Januar 2019 in Berlin stattfand (BMWi 2019), sagte Staatssekretär Dr. Ulrich Nussbaum: „Wir erleben eine rasante technologische Entwicklung, die neue Herausforderungen mit sich bringt – insbesondere in der digitalen Welt. Qualitätsinfrastruktur kann diese Herausforderungen in Chancen verwandeln, und Indien ist dabei ein Schlüsselpartner für Deutschland. Daher freut uns besonders, dass wir die deutsch-indische Kooperation zu Themen wie IT-Sicherheit, Datenschutz, Elektromobilität und Industrie 4.0 ausweiten. Für unsere bilaterale wirtschaftliche Zusammenarbeit ist ein laufender technischer Austausch zwischen Experten aus Industrie und Regierung, wie er im Rahmen der deutsch-indischen Arbeitsgruppe Qualitätsinfrastruktur stattfindet, von zentraler Bedeutung."

Die in der Stellungnahme genannte Größe der beteiligten Personen, Unternehmen und Institutionen zeigt auch, dass die Wertschöpfungsketten inzwischen global sind und man auf die Kooperation mit vielen Ländern angewiesen ist und sein wird. An dieser Jahressitzung nahmen eine indische Delegation des Ministeriums für Verbraucherangelegenheiten, des Ministeriums für Schwerindustrie, der indischen Normungsbehörde (BIS) sowie des indischen Industrieverbands CII teil. Insgesamt beteiligten sich mehr als 60 deutsche und indische Vertreterinnen und Vertreter der Privatwirtschaft, des Deutschen Instituts für Normung (DIN), der Deutschen Kommission für Elektrotechnik, Elektronik & Informationstechnik in DIN und VDE (DKE), der Deutschen

Akkreditierungsstelle (DAkkS) sowie nachgeordneter Behörden (PTB, BAM). Der Dialog erfolgte im Rahmen des Globalprojekts Qualitätsinfrastruktur (GPQI), innerhalb dessen das BMWi mit Ländern wie Brasilien, China, Indien und Mexiko kooperiert.

Beim Vergleich des Bruttoinlandsproduktes der größten Volkswirtschaften der Welt durch den Internationalen Währungsfonds (IWF) hat Indien (IWF Jahresbericht 2018) bereits Frankreich und Großbritannien eingeholt. In digitalen Zeiten, die stark IT-getrieben sind, werden auch aufgrund der zahlenmäßigen Menge an IT- und Ingenieurabsolventen in Innovation-Hot-Spot-Regionen wie Bangalore, New Delhi, Hyderabad, Pune, Mumbai und Chennai immer mehr neue Unternehmen global sichtbar werden, die aus Indien kommen. Das GTAI (German Traid & Invest) schreibt dazu: „Indiens Informationstechnologie (IT)- und Business Process Management-Sektor (BPM) (E-Commerce ausgenommen) hat sich zu einer der führenden Branchen entwickelt. Der Sektor erwirtschaftete im Finanzjahr 2017/18 circa 7,9 Prozent des indischen Bruttoinlandsprodukts. Der Gesamtumsatz der IT/BPM-Branche soll laut des indischen Fachverbands „National Association of Software and Services Companies (Nasscom)" von 154 Milliarden US-Dollar (USD) 2017/18 auf 167 Milliarden USD 2018/19 steigen."

Dies entspreche einer jährlichen Wachstumsrate von 8 %. Die Branche habe eine starke Exportausrichtung. Weiter werden als Erfolgsfaktoren für Indien und die IT-Industrie genannt: die gute Qualifikation indischer IT-Kräfte, vergleichsweise niedrige Löhne sowie gute englische Sprachkompetenz. Dies habe vor allem US-amerikanische Unternehmen veranlasst, Teile ihrer Wertschöpfung nach Indien zu verlagern.

Die Wachstumsraten in Indien, die jährlich zunehmende Zahl an Absolventen in der IT und den Ingenieurwissenschaften sowie der enge Kontakt zu indischstämmigen Unternehmen und Universitätsprofessoren in den USA heizen den Wachstumskurs Indiens an und werden Indien in einem 20-Jahre-Szenario neben China und den USA an die technologische Spitze im globalen Wettbewerb führen.

4.3 Innovationsförderung durch Steigerung der Motivation und Resilienz

Wie bereits unter Abschn. 4.1 und 4.2 erläutert sind die Märkte in China und Indien für die Zukunft exzellent aufgestellt und bauen ihre Leistungsfähigkeit im globalen Wettbewerb kontinuierlich aus. Wir werden noch mehr unter Druck geraten und müssen unsere eigenen Unternehmer und Gründer aus einer neuen Perspektive betrachten und entsprechend entlasten und fördern.

Ein Generationenkonflikt ist vorprogrammiert. Wenn man nach erfolgreichen Start-ups recherchiert, findet man in den letzten Jahren exakte Zahlen, wie viele aufgekauft wurden oder an die Börse gegangen sind. Jedoch kann man lange suchen, wenn man herausfinden möchte, wie viele Start-ups oder gar Innovationsprojekte in etablierten Unternehmen begonnen und nach einiger Zeit abgebrochen wurden. Manche meinen, eine hohe Projektabbruchrate sei ein gutes Indiz dafür, man konzentriere sich auf das Wesentliche und würde frühzeitig Mehrkosten verhindern. Diese eher buchhalterische Perspektive ist eine aus meiner Sicht von Angst und Unsicherheit getriebene Entscheidungsfindung mit der Argumentation, man hätte X Euro Mehrkosten abwenden können. Das hat man bei einem Projektabbruch immer, es bleibt die Ungewissheit, ob das Projekt vielleicht doch zu einem innovativen Produkt oder einer innovativen Dienstleistung geführt hätte. Auch ein Start-up-Geschäftsmodell kann sich anpassen, verändern und neustarten.

Die spannende Frage ist, was sind die Faktoren, die zur Beendigung von Start-up-Aktivitäten führen, und welche Persönlichkeitsmerkmale könnten positiv wirken, einem zu frühen Projektabbruch als Start-up entgegenzutreten? Zusätzlich interessant ist auch die Einschätzung, wie sich das Gründungsverhalten bei uns in Deutschland in Zukunft entwickeln könnte.

4.3.1   Mentalitätsfrage im Vergleich mit Asien

Wir haben mit unserem Consulting Think Tank vor einigen Jahren eine Studie abgeschlossen, die als Forschungsthema die „Unternehmensgründungsbereitschaft Asien vs. Europa" untersuchte. Diese Forschungsergebnisse habe ich im August 2017 in Singapur auf der von der „Nanyang Technological University (NTU) Singapore" veranstalteten „Singapore Economic Review Conference (SERC)" vorgestellt zum Unternehmensgründungsverhalten europäischer und asiatischer Studenten der MINT-Fächer. Die Studie wurde ursprünglich englischsprachig erstellt und lautete „The willingness of European and Asian exchange students to found an innovative technology company and the economic consequences for the future". Der internationale Wettbewerb der Volkswirtschaften ist abhängig von der Innovationsstärke der Länder und ihrer Unternehmer, neue Produkte und Dienstleistungen an den Markt zu bringen, und dem freien Willen von Individuen, Unternehmen zu gründen oder zu übernehmen. Wir fragten zwischen 2011 und 2016 zwei Gruppen von Austauschstudenten an der Hochschule Karlsruhe, die Studiengänge in Richtung Informatik oder Ingenieurwissenschaften belegen. Die erste Gruppe (n = 224) waren Austauschstudenten aus Europa (Spanien, Frankreich, Luxemburg, Italien, Belgien, Polen, Portugal und Dänemark, die zweite Gruppe (n = 183) waren Studenten aus Asien (China, Indien, Malaysia, Thailand und Vietnam). Die Resultate waren, bezüglich dem Willen ein Unternehmen mit einem innovativen Thema zu gründen, in Gruppe 1: 28,13 % (n = 63) und in Gruppe 2: 78,14 % (n = 143).

Die Bereitschaft, ein Unternehmen zu gründen zusätzlich zu einem Teil- oder Vollzeit-Job, lag in Gruppe 1 bei 18,30 % (n = 41) und in Gruppe 2 bei 56,28 % (n = 103). Schließlich ergab sich bei der Frage nach der Wichtigkeit von „Work-Life-Balance", dass dieser Punkt relevant ist für 91,96 % (n = 206) in Gruppe 1 und für 16,39 % (n = 30) in Gruppe 2 war. Die statistische Signifikanz, berechnet mit dem Statistikprogramm IBM SPSS 24, war p < 0,05. Es liegt der Eindruck vor, dass die asiatischen Austauschstudenten eine höhere psychologische Resilienz haben und eine positivere soziale Perspektive in Bezug auf Arbeit und Arbeitsstunden als die befragten europäischen Austauschstudenten in der Vergleichsgruppe. Weitere Studien sollten hier zukünftig Klarheit schaffen. Mein persönlicher Eindruck nach knapp 10 Jahren als Lehrbeauftragter an der Hochschule Karlsruhe – Technik und Wirtschaft, der englischsprachigen internationalen Klasse „Innovationmanagement for technical products" mit bis zu 50 Studenten aus 12 Ländern ist, dass die Forschungsergebnisse dieser Studie sehr nah an der Realität sind. Gestützt wird mein Eindruck aus persönlichen Erfahrungen bei Besuchen privatwirtschaftlicher und akademischer Umgebenden in Tokio, Osaka, Singapur, Shanghai, Peking, Guangzhou, Shenzhen und Hongkong. Sollte dieses Delta in der Mentalitätsfrage auch in den nächsten Jahren bestehen bleiben, sehe ich große Probleme auf uns zukommen.

Aus den Ergebnissen dieser Studie und anderer wissenschaftlicher Literatur, kombiniert mit den weltweiten Erfahrungen der Mitglieder unseres Consulting Think Tanks, haben wir geschlussfolgert, dass sich eine Verschiebung der Anzahl innovativer technologischer Start-ups in Zukunft in Richtung Asien ereignen wird und letztlich daraus eine Dominanz Asiens in diesem Segment erwartet werden kann. Die Hidden Champions der Zukunft, ob in 10 oder 20 Jahren, werden aus Asien kommen. In vereinzelten Gesprächen bei dieser Studie, philosophisch spannend, war der soziale Aufstieg bei den asiatischen Studentinnen und Studenten in Kombination mit dem Bewusstsein, überhaupt eine Chance zu haben, aus eigener Kraft aufsteigen zu können, enorm ausgeprägt. Die befragten europäischen Studenten waren an einer Work-Life-Balance interessiert. Es war mehrfach von der Kürze der Lebenszeit und der Vereinsamung in der Arbeitswelt die Rede, und die finanziellen Risiken bei Unternehmensgründungen schienen eine Rolle zu spielen.

4.3.2   Resilienz

Die Arbeitsmarktsituation in Deutschland war bis zur Corona-Krise im Jahr 2020 positiv und die Notwendigkeit für Individuen, sich selbstständig zu machen, war bei der hohen Wahrscheinlichkeit, einen Angestelltenvertrag zu bekommen eher gering. Die Motivation, sein eigener Chef zu sein, sich zu verwirklichen mit seinem ganz individuellen Konzept oder gar eine neuartige Idee in ein Start-up einzubringen, erfordert Einsatz: Zeit, Kraft, Geld und Nerven. Es kann wenige oder viele Jahre dauern, bis das Unternehmen läuft, das weiß man vorher nicht. Nun stehen viele Menschen durch die Folgen der Corona-Krise wegen Kündigungen ihrer Angestelltenvertragsverhältnisse oder Insolvenzen eigener Betriebe plötzlich vor der Frage, ob alleine oder mit einem Team eine Unternehmensgründung gegenwärtig oder zukünftig eine Option ist.

Dieser Gesamtbelastung aus beruflichem und, wie immer bei Freizeit raubenden Unternehmungen, privatem Druck standzuhalten erfordert Widerstandsfähigkeit. Insbesondere, wenn die ersten Misserfolge eintreten und der Gegenwind zunimmt, ist es notwendig durchzuhalten. Hier wird der Faktor der **Resilienz** entscheidend. Die wissenschaftliche Literatur zur Resilienz führt immer wieder sinngemäß auf Folgendes: „Überdurchschnittlich harte Arbeit, Belastbarkeit, Durchhaltevermögen und insgesamt die starke psychische Widerstandsfähigkeit sind das Fundament der Unternehmensentwicklung".

Dies ist bei der Gestaltung der persönlichen Innovationsumgebung umso wichtiger, denn dies ist die Keimzelle für innovative Produkte und Dienstleistungen. Die Unternehmensentwicklung durch Verträge, Distribution, Marketing, Controlling, Gesellschaftsform und andere Bereiche, um ein Unternehmen zu entwickeln, werden von der Innovationsebene getragen. Ohne innovative Produkte und Dienstleistungen, die einen Kundennutzen haben, wird es kein dauerhaftes Überleben am Markt geben.

Die von uns 2016 abgeschlossene **Erststudie** „Einfluss von Sporterfahrungen aus der Jugendzeit auf Unternehmensgründer innovativer KMU in der Medizinprodukte- und Medizintechnik-Industrie – unter besonderer Berücksichtigung des Themenkomplexes der Resilienz" hat die Resilienz als Einflussfaktor für Innovation und Entrepreneurship untersucht (Plugmann 2017), und aufgrund des positiven Feedbacks haben wir Ende 2019 die 2,5-jährige **Follow-up-Studie** dazu abgeschlossen mit dem Forschungsthema „40, 60 oder 80 Stunden die Woche – wie Unternehmer und Nicht-Unternehmer zu Arbeitszeitmodellen stehen". Die umfassenden Forschungsergebnisse der Follow-up-Studie werden im Herbst 2020 auf einer internationalen virtuellen Forschungskonferenz in Asien vorgestellt. Vorab einige Informationen zu dieser Follow-up-Studie:

Die Motivation, eine Follow-up-Studie durchzuführen, entstand auch aus der Frage heraus, ob wir unseren jungen Menschen zu wenig abfordern? Während mit höchster Intensität für Umweltengagement freitags die Schule geschwänzt wird und Studenten an Hochschulen ohne Anwesenheitspflicht zu ihren Abschlüssen durchschlüpfen, arbeiten andere Menschen einen Großteil des Jahres 60–70 h pro Woche ohne mit der Wimper zu zucken. Statt zu lernen, zu arbeiten und sich sozial zu engagieren hängen viele ständig auf Tik-Tok, Facebook, Pinterest, LinkedIn und Twitter herum und verpulvern ihre Zeit. Diese Kategorie Zeitverschwender wird bereits bei der ersten Überstunde nervös und scheint von 14- bis 16-Stunden-Tagen noch nie gehört zu haben. 24-h-Dienste wie beispielsweise im Gesundheitswesen würden wahrscheinlich zu einer lebensbedrohlichen Situation dieser aus Arbeitsperspektive verweichlichten Individuen führen. Und das sollen die sein, die im global harten Wettbewerb in Zukunft den erfolgshungrigen, hochmotivierten, 80 h schaffenden asiatischen und amerikanischen Unternehmensgründern und Angestellten entgegentreten wollen. Man muss kein Wissenschaftler sein, um vorauszuahnen zu können, dass viele Studenten und Schüler die Grundvoraussetzungen für erfolgreiche Unternehmensgründungen oder Projektarbeiten nicht erfüllen. Sie halten der Arbeitslast, dem Druck und der Zeitintensität überhaupt nicht stand. Ich war oft in Asien und den USA in akademischen und privatwirtschaftlichen Umgebungen unterwegs und habe Gespräche mit Hunderten von Studenten und Unternehmensgründern geführt, der Vergleich ist erschreckend, wir haben ein Zukunftsproblem.

Nach dieser emotionalen Bewertung meinerseits kommen wir zur wissenschaftlichen Forschungsfrage. Wir haben Studenten auf dem Campus der Universitäten Köln, Bonn, Düsseldorf und Frankfurt persönlich befragt, ob sie sich nach ihrem Studienabschluss vorstellen können, die ersten 10 Jahre an zwei Dritteln der Arbeitswochen selbstständig in einem Start-up oder projektbezogen in einem Unternehmen 40, 60 oder phasenweise 80 h zu arbeiten, ausgenommen von einigen Wochen Urlaub im Jahr.

Befragt wurden Studenten mittels eines standardisierten Fragebogens mit insgesamt 20 Fragen aus 4 Bereichen im Alter zwischen 17 und 30 Jahren, männlich, weiblich, und unabhängig vom Studienfach und Studienfortschritt. Die Studie wurde von Juli 2017 bis Dezember 2019 durchgeführt. Die Fallzahl lag bei verwertbaren 1138 Befragungen, und Austauschstudenten wurden nach Möglichkeit ausgeschlossen. Studenten, die keine oder unvollständige Angaben machten, wurden nicht berücksichtigt. Die Studenten konnten auch zusätzlich zu den Antwortmöglichkeiten auf die Fragen eigene Kommentare abgeben, die wir notierten und clusterten.

Die statistische Auswertung mit dem Statistikprogramm IBM SPSS läuft noch, aber hier seien die ersten Zwischenergebnisse genannt, um ein Gefühl dafür zu bekommen, in welche Richtung die Studie läuft.

Von den 1138 in den 2,5 Jahren befragten Studenten war die Bereitschaft für:

- 40 h pro Woche: 71,35 % (n = 812)
- 60 h pro Woche: 23,81 % (n = 271)
- 80 h pro Woche (phasenweise): 4,04 % (n = 46)

Bei den Kommentaren war u. a. zu hören, dass eine 3- oder 4-Tage-Woche auch interessant sei, als eine Version einer Teilzeitarbeitsstelle. Man sei auch bereit, an diesen Tagen länger zu arbeiten, wenn dafür eine 3- oder 4-Tage-Woche möglich wäre. Die Bereitschaft, phasenweise 60 oder 80 h zu arbeiten, wurde auch mit den höheren Gehaltsmöglichkeiten in Verbindung gebracht. Differenziert sollte man berücksichtigen, dass die Arbeitsstunden („Working Hours") auch Aktivitäten des Netzwerkens, Recherchieren im Internet und konzeptionelle Nachdenkzeiten beinhalten.

Welche Erkenntnisse kann man aus der Erststudie und der aktuellsten Follow-up-Studie ziehen? Dazu muss man sagen, dass im Hinblick auf die Start-up-Szene und den Gründergeist wir früher in den 90er-Jahren humoristisch gesagt haben „20 Deutsche Mark, Gewerbeschein, Firma gegründet". Damit möchte ich sagen, dass ein Unternehmen zu gründen jedem offen steht. Es geht um Gründungen, die auch nach einigen Jahren noch am Markt sind, Umsätze machen und am besten eine profitable Bilanz aufweisen können – darüber fehlen belastbare bundesweite Statistiken. Dabei kann man sich nicht an Insolvenzzahlen orientieren, denn viele Start-ups hören einfach auf, es gibt eventuell eine Abschlussbilanz oder das Ganze geht in die Liebhaberei über, weil keine Gewinnerzielungsabsicht nachweisbar ist, und verliert mit der Zeit die steuerliche Relevanz.

Mit 4 % (n = 46) Bereitschaft von 1138 deutschen Studenten, phasenweise 80 Stunden die Woche zu arbeiten in den ersten 10 Jahren nach dem Studienabschluss, fehlt meiner Meinung nach die Belastbarkeitsvoraussetzung für diesen Pool an Befragten, innerhalb dieser Studie erfolgreich in der Start-up-Szene zu überleben. 60 Stunden pro Woche würden 23,81 % (n = 271) mitmachen. Das bedeutet, über drei Viertel der Befragten würden sich eben keine 60-Stunden-Woche antun. Zu einer 40-Stunden-Woche scheinen 71,35 % (n = 812) bereit zu sein und der Rest eben nicht. In einem Rechtsstaat kann jeder sein Lebenskonzept so entwickeln, wie es ihm passt, und das ist gut so. Im globalen Wettbewerb mit erfolgshungrigen und hochmotivierten Studenten und Absolventen, die die aus unserer deutschen Sicht als hohe Arbeitsbelastung eingestuften 60-, 70- oder 80-Stunden-Woche gerne leisten, um sozial aufzusteigen, müssen wir uns bei einem 20- bis 25-Jahre-Szenario darauf einstellen, dass die Konsequenzen im Verlauf zu einem Verlust der Wirtschaftskraft führen werden und zu all den logischen Folgen, auch den Einschränkungen bei Bildung, Gesundheit & Pflege, Infrastruktur und Sicherheit. Die sozialrechtlichen und sozialpolitischen Standards werden angepasst werden müssen.

Aus meiner Erfahrung in Asien ist die eher disziplinorientierte Führung junger Menschen eine Struktur, die ihnen einiges abverlangt und sie gleichzeitig resistent für die Herausforderungen der Zukunft macht. Der ständige Schrei nach Entfaltung der Jugendlichen und unbeschränkten Zulassung vielerorts für Studenten scheint bei der Verrohung und Respektlosigkeit gegenüber Lehrern und Mitschülern an Schulen und zeitlicher Nichtbelastbarkeit vieler Studenten aus dieser Studie ein Hinweis zu sein, im Bereich Disziplin und Führung über ein zeitgemäßeres Konzept nachzudenken. Noten für Betragen, soziales Engagement und Verhalten im Unterricht, insbesondere unter enger Einbindung der Eltern oder Großeltern, könnte eine Trendwende bei den Jugendlichen bewirken. Ohne Führung junger Leute geht es nicht, und dazu gehört heutzutage auch die Ausbildung im Umgang mit sozialen Medien und den mit dem Handy verbrachten Zeit. Es seien der Vollständigkeit halber Cybermobbing, Privatsphäre und Datenschutz mit angesprochen. Eine Schule, die Latein lehrt, aber den Schülern nicht die Kompetenz im richtigen Umgang mit der digitalen Welt vermitteln kann, ist Geschichte.

Ein persönliches Wort zu diesem Themenkomplex: Im Vorfeld dieses Buches haben mir einige kluge Menschen empfohlen, diese Problematik nicht so direkt anzusprechen. Man würde die Gefühle der Menschen verletzen, und es sei halt, wie es ist. Bei Gesprächen mit Unternehmern und Angestellten aus meinem langjährigen Freundes- und Bekanntenkreis ist das Thema schon seit Jahren präsent und wird auch so ausgesprochen. In Zeiten schlechter werdender PISA-Ergebnisse, einem demographischen Wandel, einem Mittelstand, der einem immer stärker werdenden globalen Wettbewerb bei suboptimalen bürokratischen, steuerlichen und personellen Rahmenbedingungen ausgesetzt ist und auch in 20 Jahren noch bei der Weltspitze dabei sein möchte, ruhen all unsere Hoffnungen für die Zukunft auf den Schultern unserer jungen Schüler, Studenten und Fachkräfte, auch um unseren gesellschaftlichen Sozialstandard langfristig bezahlen und aufrechterhalten zu können. „Fordern und Fördern" muss überarbeitet und auch gegenüber den Schülern und Studenten offen kommuniziert werden. Die Zeiten haben sich geändert.

4.3.3 Forschungsfeld Resilienz

Das Forschungsfeld „Resilienz" wurde der Öffentlichkeit bekannt mit der Kauai-Studie der US-amerikanischen Psychologin E. Werner (Mitglied der American Psychological Association) im Jahr 1955 (Wustmann 2005). Dabei untersuchte man auf einer der Hawaii-Inseln (USA) eine Kohorte von 694 Kindern von der Geburt bis etwa zum 35. Lebensalter. Die sozialen Rahmenbedingungen und die letztlichen Entwicklungsergebnisse dieser untersuchten Individuen sollten Aufschluss darüber geben, welche Kinder widerstandsfähig waren und welche nicht. Die Untersuchung berücksichtigte riskante soziale Umgebungen und kam zu dem Ergebnis, dass zwei Drittel der Individuen problematische soziale Entwicklungsverläufe aufwiesen, während ein Drittel erfolgreich wurde, somit als „resilient" gegenüber den widrigen sozialen Rahmenbedingungen eingeordnet werden konnte.

Es folgten weitere Studien mit ähnlichen Studiendesigns in den USA, auch in Deutschland, die alle das Ziel hatten, das Untersuchungsobjekt der „Risikokinder" in Bezug zum Entwicklungsendpunkt zu setzen, also was aus ihnen geworden ist. Dabei wurde angenommen, dass „Risikokinder" solche sind, die in sozial problematischen Umgebungen heranwachsen. Hier liegt aber auch die Schwäche des Studiendesigns im Hinblick auf die „Resilienz", denn man könnte auch annehmen, dass Kinder aus durchschnittlichen oder überdurchschnittlichen sozialen Umgebungen unter bestimmten Bedingungen „Risikokinder" werden können. Dabei seien Kriterien wie fehlender Ansporn, soziale Absicherung, fehlende Notwendigkeit, um Güter zu kämpfen, fehlende Auseinandersetzung mit Kindern darunter liegender sozialer Schichten, Demotivation, Langeweile, Erwartungsdruck durch Eltern mit akademischem Hintergrund etc. zu nennen.

Die jüngere Literatur hat zahlreiche Publikationen zu diesem Themenkomplex hervorgebracht, die sich mit dem Einfluss der Resilienz, der psychischen Belastbarkeit, auf den Unternehmenserfolg befassen: In dem Buch „Psychologie der Wirtschaft" befasst sich J. Goethe (2013) mit der Resilienz und Effizienz als Architektur für nachhaltigen Unternehmenserfolg. Dabei erläutert sie den lateinischen Ursprung des Wortes „resilere = abprallen". Sie arbeitet heraus, dass der Unternehmenserfolg auf der Fähigkeit der Organisation beruhe, mit Veränderungen umzugehen und externe, widrige Einflüsse zu verarbeiten, dabei den positiven Zustand zu halten. Des Weiteren thematisiert sie den Einfluss auf die Organisation und das Individuum.

J.D. Roederer (2011) beschreibt im Kapitel „Konzeptionelle Grundlagen und Entwicklung des Untersuchungsmodells zum Einfluss der Topmanagerpersönlichkeit auf den Unternehmenserfolg" des Buches „Der Einfluss der Persönlichkeit von Topmanagern und der Unternehmenskultur auf den Unternehmenserfolg" theoretisch konzeptionelle Grundlagen zu Entscheidungsfindungen von Top-Managern wie die „Upper Echelons"-Theorie, das Konzept der zentralen Selbstbewertungen und die „Self-Consistency"-Theorie. Dabei wird immer wieder bei den unterschiedlichen Theorieansätzen die Interaktion des Top-Managers als Entscheidungsträger mit sich selbst, seinen individuellen Persönlichkeitseigenschaften, seinen Erfahrungen und Wissensstand beschrieben.

Im Buch von K. Drath (2016) „Resilienz in der Unternehmensführung – was Manager und ihre Teams stark macht" verweist der Autor in Kap. 1 auf den US-amerikanischen Management-Professor Morgan McCall, der 1988 in seinem Buch „The Lessons of Experience" die Karrieren zahlreicher Topmanager untersucht hat und viele Befragte das Durchleben und Bewältigen von Herausforderungen und Krisen für die größte Quelle persönlichen Wachstums einstufte. A. Düben (2016) beschreibt im Kapitel „Rückwanderung und Unternehmensgründung: Die Wege der Wendekinder zwischen Ost und West – Planwirtschaft und Selbstständigkeit" des Buches „Die Generation der Wendekinder" den Einfluss der Gesellschaftsstrukturen der ehemaligen DDR auf spätere Unternehmensgründer in all ihren Facetten um die Wendezeit.

Die vorgestellte Studie basiert auf Interviews mit Unternehmensgründerinnen, die nach der Zeit im Osten eine gewisse Zeit im Westen verbracht haben und nun in den Osten Deutschlands zurückgekommen sind. Dabei werden die Rahmenbedingungen dieser widrigen Erfahrungen vor, während und nach der Wendezeit zusammengefasst als Erfahrungsschatz für die Ausprägung der „Resilienz" und prädestinieren, so der Autor, diese Individuen für eine erfolgreiche Unternehmensgründung.

Semling und Ellwart (2016) beschreiben in „Entwicklung eines Modells zur Teamresilienz in kritischen Ausnahmesituationen" das Konzept der Teamresilienz. Die Autoren formulieren, dass das Ziel des Beitrages war, für Teams in kritischen Ausnahmesituationen (TiKAS) ein team- und anforderungsspezifisches Modell der Resilienz zu entwickeln, die vorhandenen Konzepte der Teamadaptivität und empirische Studien der Sicherheitsforschung zu integrieren. Semling und Ellwart definieren Teamresilienz „als spezifische Prozesse der kognitiv-emotionalen Situationsbewertung, Handlungsplanung und Kommunikation eines Teams unter kritischen Ausnahmebedingungen, unter Rückgriff auf die vorhandenen teambezogenen und individuellen Ressourcen". Sie heben hervor, dass Ansatzpunkte für die Teamdiagnostik entwickelt und trainingsbezogene Unterstützungen konzipiert werden können. Nennenswert sind die Schlagwörter, die benannt wurden: Teamresilienz, Adaptivität, Sicherheit, Resilience Engineering, Stress und Teamdiagnostik.

In der „Zeitschrift für Kulturwissenschaften" schreibt J. Potthast (2011) über die „Innovationskulturanalyse in Kalifornien", die historische Entwicklung der Region San Diego/USA als ehemalige von Militär- und Rüstungsindustrie geprägte Region, die Herausforderungen des Strukturwandels durch den Rückzug dieser Strukturen in den 1960er-Jahren, den Aufbau der Hubs, Clusters und diverser Forschungseinrichtungen. Dabei arbeitet er heraus, dass Resilienz bedeute, permanente Antworten auf neue Herausforderungen zu finden. Des Weiteren beschreibt er einen Ansatz in Innovationsprozessen, bei dem es darum geht, statt alle Probleme voraussehen zu wollen, die Zahl der unabhängigen Instanzen an diesen Innovationsprozessen stärker teilhaben zu lassen, um einen kollektiven Lernprozess zu erzeugen.

Kuhlmann und Horn (2016) beschreiben in „Linien – Entwicklungspotenziale spezifizieren – Integrale Führung", dass man in Unternehmen die Teammitglieder zur Zufriedenheit, Motivation und Resilienz auch jährlich interviewen kann. Das kann das Individuum stärken, somit das Team, und sei gerade bei Unternehmensgründungen ein Erfolgsfaktor.

R. Tewes (2015) beschreibt in „Führen will gelernt sein! Führungskompetenz ist lernbar" über die Wichtigkeit, die evidenzbasierte Managementforschung in die Praxis umzusetzen. Dabei könne die Resilienz des Einzelnen durch Methoden wie die wertschätzende Befragung, Verfahren zur Abbildung von Struktur- und Prozessabläufen, Techniken der Selbstreflexion, Zielentwicklungsmethoden, Entscheidungsverfahren und interprofessionelle Kommunikation gestärkt werden.

M. Gerber (2011) schreibt über „Mentale Toughness im Sport" in der Zeitschrift „Sportwissenschaft". Benannt wird das „Psychological Performance Inventory (PPI)" mit dessen Hilfe auch nachgewiesen werden konnte, dass zwischen mentaler Toughness und sportlichem Erfolg ein Zusammenhang besteht. Gerber stellt heraus, dass mental starke Athleten über günstigere Bewältigungsstrategien verfügen und mentale Toughness einem die sportliche Karriere überdauernden Merkmal entspricht, was belegt werden konnte.

C. Berndt schreibt in ihrem Buch „Resilienz: Das Geheimnis der psychischen Widerstandskraft. Was uns stark macht gegen Stress, Depressionen und Burnout" (2013) über Resilienz als eine Form mentaler Kraft, die mit Erfahrungen der Depression und Erschöpfungszuständen eng verwoben ist.

4.3.4   Bildung von Resilienz im digitalen Zeitalter – die Zukunft

Die Deutsche Gesellschaft für Psychiatrie und Psychotherapie, Psychosomatik und Nervenheilkunde (DGPPN) hat auf ihrem Hauptstadtkongress im Juni 2016 in Berlin das Thema Resilienz für den Bereich „in der Schule und am Arbeitsplatz" als einen der zentralen Punkte herausgehoben (DGPPN 2016). Dies war neben Vorträgen zu Themen wie Angstzuständen oder Depression zu finden. Auch die „European Alliance Against Depression" war durch Prof. Dr. Ulrich Hegerl vertreten (damals auch seit 2008 Vorstandsvorsitzender der Stiftung Deutsche Depressionshilfe).

Sein Vortrag „Internettherapie, Selbstmanagement, Selbstvermessung: Chancen und Risiken der digitalen Revolution für psychisch Erkrankte" lässt erahnen, dass innerhalb der Phase der digitalen Transformation von Gesellschaft, Industrie und Kommunikation neue Formen von Resilienz, Depression und Angstzuständen zu erwarten sind.

Die Nähe von Ängstzuständen, Depression, Erschöpfung und Resilienz aus der vorgenannten exemplarisch ausgewählten aktuelleren Literatur zeigt eben auch die Kehrseite der Medaille, nämlich, dass so, wie bei der Kauai-Studie (26) resultierend, ein Teil der Individuen sich durchsetzt und gestärkt aus Krisenphasen und sozial erschwerten Rahmenbedingungen hervorgeht, während ein anderer Teil der Individuen nachgibt und daraus geschwächt hervorgeht. Es scheint ein Muster eines sozial-psychischen Selektionsprozesses erkennbar.

T. Ineichen (2018) bezieht in ihrem kürzlich erschienen Buchbeitrag den Begriff der Resilienz auf Unternehmen und die Individuen darin. Sie fasst zusammen, dass Unternehmensleitungen erste mögliche Praxisansätze bieten sollten, um die Unternehmensstruktur und -kultur dafür zu kräftigen, im digitalen Wandel zu bestehen. Es wird aufgezeigt, welche Maßnahmen ergriffen werden müssen, damit Unternehmensstrukturen resilient sind, auch oder gerade in Zeiten disruptiver Veränderungen. Bei der Kulturperspektive wird auf die bedeutende Koexistenz und Kooperation der Stabilitätsträger und Innovationstreiber eingegangen.

Endres et al. (2015) haben in ihrem Artikel „Resilienz-Management im Zeiten von Industrie 4.0" in der Fachzeitschrift für Innovation, Organisation und Management bereits sehr deutlich herausgehoben, dass deutsche Unternehmen Gefahr laufen, in Bezug auf das E-Business den Anschluss an Asien und die USA zu verlieren. Sie beschreiben, dass die technologischen Entwicklungen der Industrie 4.0 Unternehmen vor neue Herausforderungen stellen und das Resilienz-Management eine wichtige Aufgabe für die Zukunftsfähigkeit der

Unternehmen darstellt. Dabei wird auch die „Adaptive Capacity", das Potenzial eines Unternehmens, sich an Veränderung anzupassen, hervorgehoben.

Juffernbruch (2018) beschäftigt sich in seinem Buchbeitrag mit dem Resilienz-Training in einem internationalen Unternehmen für Informations- und Kommunikationstechnologie. Dabei stellt er Resilienz-Management und Training der Resilienz auch als Maßnahmen von Unternehmen dar, um Burn-out-Prophylaxe zu betreiben.

4.3.5 Weitere relevante Literatur zur Resilienz

Hohm et al. (2017) beschreiben in ihrem Buchbeitrag „Resilienz und Ressourcen im Verlauf der Entwicklung: Von der frühen Kindheit bis zum Erwachsenen-alter" zusammenfassend „anhand von Daten der Mannheimer Risikokinderstudie, die sich mit der langfristigen Entwicklung von Kindern mit unterschiedlichen Risikobelastungen beschäftigt, wie Schutzfaktoren aufseiten des Kindes und seines familiären Umfelds im Verlauf der Entwicklung wirksam werden und zur Entstehung von Resilienz beitragen können. Eine besondere Rolle kommt dabei positiven frühen Eltern-Kind-Beziehungen zu (sowohl Mutter- als auch Vater-Kind-Interaktionen). Daneben spielen auch Interaktionserfahrungen im Alter von zwei Jahren des Kindes eine bedeutsame Rolle; diese schützen Risiko-kinder davor, eine ungünstige Entwicklung zu nehmen, und tragen dazu bei, dass sich Kinder, die in psychosozialen Hochrisikofamilien aufwachsen, trotz ungünstiger „Startbedingungen" positiv entwickeln. Neben Merkmalen der sozialen Umwelt nehmen auch sprachliche, sozial-emotionale und internale Kompetenzen des Kindes im Entwicklungsverlauf eine wichtige Rolle ein. Diese Kompetenzen ermöglichen es Risikokindern auch unter widrigen Lebens-umständen (psychosoziale Hochrisikofamilien, Aufwachsen in Armutsverhält-nissen) erfolgreich zu bestehen. Darüber hinaus zeigt die Arbeit, dass Resilienz ein Persönlichkeitsmerkmal ist, das ab dem frühen Erwachsenenalter eine hohe Stabilität besitzt. Mit diesen Befunden verweist die Arbeit auf die große Bedeutung der Resilienz bei der Vorhersage der langfristigen Entwicklung von Risikokindern."

Die Mediziner Prof. Dr. Franz Petermann (Zentrum für Klinische Psycho-logie und Rehabilitation der Universität Bremen) und Prof. Dr. U. C. Smolenski (Institut für Physiotherapie, Universitätsklinikum Jena) beschreiben in ihrem Artikel „Medizinische Rehabilitation aus Patientensicht: Depression, Erschöpfungssyndrom und Return-to-work" (2017) die Situation, wenn der

Bogen der Belastbarkeit überspannt wurde und eine Phase der medizinischen Rehabilitation durchzuleben ist.

Rieger (2016) arbeitet in seiner Studie „Individuelle Resilienz und Vulnerabilität in High Reliability Organisationen – Vorläufige Ergebnisse einer Studie in der Luftfahrtindustrie" heraus, dass gutes Arbeitsklima, Teamdenken und gemeinsamer Erfolg von den Befragten als förderlich auf die Resilienz benannt wurden. Weitere Punkte, die die persönliche Widerstandsfähigkeit gegenüber Stress und Druck stärken, seien nach Angaben der Befragten Training im Umgang mit Stress, der Anpassungsfähigkeit an Situationen, der Konzentrationsfähigkeit auf das Wesentliche, dem Ausblenden von Störfaktoren, der schnellen Erholung von Rückschlägen/Misserfolgen und eine positive Einstellung. Interessant war auch, dass in der Studie die Befragten das gemeinsame Lösen von Problemen und den Zusammenhalt unter den Kollegen als wichtigen Punkt für die eigene Resilienz nannten.

Mourlane und Hellmann (2016) beschreiben in ihrem Artikel den von den Krankenkassen zunehmend festgestellten Anstieg von Burn-out, Fehltagen und Berufsunfähigkeiten aufgrund psychischer Erkrankungen. Sie gehen der Frage nach, was Unternehmen für ihre Mitarbeiter und Führungskräfte tun können, um von ihnen Schäden fernzuhalten, wenn eben die persönliche Belastungsgrenze überschritten wird. Die in diesem Artikel aufgeführte Literaturliste nennt u. a., die sich alle mit den neuropsychiatrischen, sinnstiftenden und persönlichkeitsanalytischen Auswirkungen und Bedeutungen dauerhafter Arbeitsbelastung auf Individuen befassen.

Klein (2011) befasst sich in ihrem Artikel über „Resilienz im Führungscoaching" mit den Belastungen von Führungskräften, welche Kompetenzen Angestellte in Leadership-Positionen benötigen und wie sie mit Druck, Stress, Misserfolgen und eigenem Anspruchsdenken umgehen. Dabei bezieht sie sich, neben dem zentralen Punkt der eigenen Haltung der Führungskraft, auf eine Studie von Garmezy und Runter von 1983, bei der über Kinder aus den Slums von Minneapolis (USA) geforscht wurde und man aufzeigte, dass viele dieser Kinder trotz widrigster familiärer und struktureller Rahmenbedingungen positiv, lösungsorientiert und motiviert waren, Probleme zu lösen und Herausforderungen anzunehmen.

4.3.6 Zusammenfassung zum Schwerpunkt „Resilienz"

Die „Resilienz" findet sich als multi- und interdisziplinärer Themenkomplex wieder, der Sportwissenschaft, Kulturwissenschaft, Soziologie, Psychologie, Psychiatrie, Medizin, Bildung, Gesellschaftstheorie, Geschichte, Familie und Emotionen betrifft.

Die Literaturquellen bei der Literaturrecherche haben gezeigt, dass die individuelle Widerstandsfähigkeit von Mitarbeitern und Führungskräften, mit Druck, Stress, Misserfolgen und Konflikten umzugehen, einen entscheidenden Einfluss auf den langfristigen Unternehmenserfolg haben kann. Es lohnt sich also für Start-ups und etablierte Unternehmen bei der Auswahl von Mitgründern und neuen Mitarbeitern auf deren Historie und zurückliegenden Umgang mit Krisen und Widerständen zu achten, weil Termindruck, Abgabefristen und Konflikte vorprogrammiert sind und man sich sicher sein muss, dass diese Individuen in den harten Phasen an Bord bleiben und positiv mitwirken, anstatt sich krank zu melden oder das Unternehmen in der wichtigsten Phase plötzlich zu verlassen. Für bereits angestellte Mitarbeiter macht ein Resilienz-Training, in welcher Form auch immer, Sinn. Das kann durch externes Coaching oder gemeinsame interne Aktivitäten durchgeführt werden.

Wichtig ist auch zu erkennen, dass bei fehlender Resilienz oder Selbstüberschätzung der eigenen Belastungsfähigkeit im Umgang mit Stress gesundheitliche Konsequenzen drohen können, etwa in Form von Burn-out, psychischen Erkrankungen oder ernsthaften physiologischen Konsequenzen. Das mag jungen Leuten seltsam erscheinen, aber ein regelmäßiger Check-up beim Arzt, gerade in Phasen intensivster Unternehmensgründung oder Arbeitsbelastung in Projekten etablierter Unternehmen unterstützt die gesundheitliche Balance und hilft letztlich, weiterhin Top-Performance leisten zu können.

Handlungsoptionen zur Steigerung der Resilienz
Die vorgestellte Erststudie, die die Unternehmensgründungsbereitschaft europäischer MINT-Studenten im Vergleich zu asiatischen Studenten wissenschaftlich untersucht hat, unterstreicht die Relevanz von Work-Life-Balance, da 91,96 % (n = 206) der europäischen MINT-Studenten (Gruppe 1) darauf Wert legten. Im Vergleich dazu war mit 16,39 % (n = 30) den asiatischen MINT-Austauschstudenten in Gruppe 2 das Thema Work-Life-Balance weniger wichtig.

Nun hilft es nicht, über die Europäer zu jammern, wir brauchen Handlungsalternativen. Denn immerhin waren bezüglich des Willens, ein Unternehmen mit einem innovativen Thema zu gründen, in Gruppe 1 28,13 % (n = 63), also jeder Vierte, bereit dazu. Die Herausforderung liegt nun darin, diese potenziell Gründungswilligen zu aktivieren und begeistern.

Aus eigener Erfahrung weiß ich, dass immer dort, wo warme Muffins und Cola light sind und ein Fernseher mit guten Sportsendungen läuft, meine Kreativität im Maximum ist. Ich fühle mich wohl, satt und zufrieden und bin leistungsbereit. Es ist eine Mischung aus einem Ort, an dem Arbeit und Freizeit verschmelzen. Wenn ich über einen Ort nachdenke, an dem ich Arbeit und Freizeit lebe, fällt mir nur das Zuhause ein. Dort sitze ich an meinem Schreibtisch oder auf der Couch mit meinem Laptop, und wenn ich Hunger habe, gehe ich zum Kühlschrank. Zu Hause kann ich in meinen Wohlfühlklamotten herumlaufen, mit Hausschuhen oder in Strümpfen, und die Arbeit läuft wie von selbst.

Und ist es nicht das, was Google, Facebook und andere kreative Start-ups an Coworking-Spaces geschaffen haben? Es ist ein Zuhause für Kreative, Gründungswillige, Träumer, Pioniere, Andersdenkende, und die Menschen unterstützen und begeistern sich gegenseitig, wie eine molekulare Kettenreaktion. Daher ist für mich persönlich ein Coworking-Space, in welcher Form auch immer, die richtige Vorgehensweise. Der Faktor der Resilienz wird hier gewissermaßen abgemildert, da in dieser Coworking-Space-Community alle die gleichen Probleme haben.

Es wäre übertrieben von einer Selbsthilfegruppe zu sprechen (das ist humoristisch gemeint), vielmehr man kommt erst gar nicht in die Nähe von Depressionen oder Erschöpfungszuständen, da die anderen einen kennen, ein Auge auf einen haben und ein wenig aufeinander aufpassen. Man kann sich in einer Frühphase des emotionalen Ungleichgewichtes austauschen und kommt gar nicht in mehrwöchige selbstkritische Überlegungsphasen, die im Extremfall zum Projektabbruch führen können. Natürlich sind auch Phasen, in denen man sich zurückzieht, immer eine Option, jeder Gründer macht es anders.

Die Ergebnisse der aktuellsten Follow-up-Studie sollte man nicht überinterpretieren, da die Definition „Arbeitszeit" gegenüber den Befragten nicht definiert wurde und heutzutage man im Bus, in der Bahn oder in einer Supermarktwarteschlange quasi ständig online ist und gegebenenfalls arbeitet. Da verschwimmen Arbeits- und Freizeit. Dazu kommen Effizienzgrade und Arbeitsfeldkomplexität. Insgesamt hat der Forschungsbereich „Resilienz" bzw. „Resilienzförderung" in den vergangenen Jahren eine starke Zunahme an Publikationen erfahren und arbeitet heraus, dass ursprünglich der Begriff aus der Materialkunde stammt und die Eigenschaft von elastischen Stoffen bezeichnete, nach extremer Belastung wieder ihre ursprüngliche Form einzunehmen (Wickert und Meents 2020).

Klar ist, dass zukünftig aus internationaler Wettbewerbsperspektive die Wohlfühltage für unsere Jugend gezählt sind. Arbeitszeit, Arbeitsintensität, mentale und körperliche Belastbarkeit über viele Jahre werden zunehmen, um nachhaltig erfolgreich zu sein. Dazu kommen die erforderliche Disziplin, Kritikfähigkeit und die Bereitschaft, in diversen internationalen Teams in immer wieder wechselnden Konstellationen und Projekten zu arbeiten. Hier ist die Führung in unserem Land in der Verantwortung, mehr Leistungsstärke und Wettbewerbsfähigkeit bei der Jugend zu generieren. Zusätzlich muss durch entsprechende Kommunikation auf vielen Ebenen, sei es eine durch Kampagne oder Aufklärungsmaterial, vermittelt werden, dass die Zeiten sich ändern und wir uns als Gesellschaft fit für die Zukunft machen müssen.

Literatur

Berndt, C. (2013). *Resilienz: Das Geheimnis der psychischen Widerstandskraft. Was uns stark macht gegen Stress, Depressionen und Burnout*. München: Deutscher Taschenbuch-Verlag.

BMWI. (2019). https://www.bmwi.de/Redaktion/DE/Pressemitteilungen/2019/20190122-deutschland-und-indien-weiten-kooperation-aus.html. Zugegriffen: 2. März 2020.

Deutsche Gesellschaft für Psychiatrie und Psychotherapie, Psychosomatik und Nervenheilkunde. (2016). https://www.dgppn.de/dgppn-akademie/hauptstadtsymposien.html. Zugegriffen: 6. Dez. 2019.

Drath, K. (2016). *Resilienz in der Unternehmensführung – Und Arbeitshilfen online: Was Manager und ihre Teams stark macht* (Bd. 1069). München: Haufe-Lexware.

Düben, A. (2016). *Rückwanderung und Unternehmensgründung: Die Wege der Wendekinder zwischen Ost und West – Planwirtschaft und Selbstständigkeit. Die Generation der Wendekinder* (S. 167–194). Wiesbaden: Springer Fachmedien.

Endres, H., Weber, K., & Helm, R. (2015). Resilienz-Management in Zeiten von Industrie 4.0. *IM+io: Das Magazin für Innovation, Organisation und Management, 30*(3), 28–31.

FAZ (2019). https://www.faz.net/aktuell/wirtschaft/agenda/bildungswesen-in-china-63-prozent-der-kinder-brechen-schule-ab-15209056.html. Zugegriffen: 7. märz 2020.

Gerber, M. (2011). Mentale Toughness im Sport. *Sportwissenschaft, 41*(4), 283–299.

Goethe, J. (2013). Resilienz und Effizienz – Architektur für nachhaltigen Unternehmenserfolg. In: M. Landes & E. Steiner (Hrsg.), *Psychologie der Wirtschaft* (S. 801–822). Wiesbaden: Springer Fachmedien.

Hohm, E., Laucht, M., Zohsel, K., Schmidt, M. H., Esser, G., Brandeis, D., & Banaschewski, T. (2017). Resilienz und Ressourcen im Verlauf der Entwicklung: Von der frühen Kindheit bis zum Erwachsenenalter. *Kindh Entwickl, 26*(4), 230–239.

Ineichen, T. (2018). Aus der inneren Kraft heraus: Wie etablierte Unternehmen Stabilität und Innovation mit Resilienz, Respekt und Resonanz vereinen. In von C. Au (Hrsg.),

Führen in der vernetzten virtuellen und realen Welt (S. 19–36). Wiesbaden: Springer Gabler.

IWF. (2018). https://www.imf.org/external/pubs/ft/ar/2018/eng/assets/pdf/imf-annual-report-2018-de.pdf. Zugegriffen: 25. Febr. 2020.

Juffernbruch, K. (2018). *Resilienz-Training in einem internationalen Unternehmen für Informations- und Kommunikationstechnologie. Digitales Betriebliches Gesundheitsmanagement* (S. 359–368). Wiesbaden: Springer Gabler.

Klein, S. (2011). Resilienz im Führungscoaching. In B. Birgmeier (Hrsg.), *Coachingwissen* (S. 357–364). Wiesbaden: VS Verlag.

Kuhlmann, H., & Horn, S. (2016). Linien–Entwicklungspotenziale spezifizieren. In H. Kuhlmann & S. Horn (Hrsg.), *Integrale Führung* (S. 25–47). Wiesbaden: Springer Fachmedien.

Mourlane, D., & Hollmann, D. (2016). Führung, Gesundheit und Resilienz. In M. Hänsel & K. Kaz K (Hrsg.), *CSR und gesunde Führung* (S. 121–135). Berlin: Springer.

Petermann, F., & Smolenski, U. C. (2017). Medizinische Rehabilitation aus Patientensicht: Depression, Erschöpfungssyndrom und Return-to-work. *Phys Med Rehabilitationsmed Kurortmed, 27*(6), 327–328.

Plugmann, P. (2017). *Ideen- und Innovationsmanagement. Ausgabe 3/2017: Einfluss von Sporterfahrungen aus der Jugendzeit auf Unternehmensgründer innovativer KMU in der Medizinprodukte- und Medizintechnik-Industrie – Unter besonderer Berücksichtigung des Themenkomplexes der Resilienz* (S. 88–92). Berlin: Schmidt.

Potthast, J. (2011). Innovationskulturanalyse in Kalifornien. *Zeitschrift Kulturwiss, 5*(1), 19–34.

Rieger, H. (2016). Individuelle Resilienz und Vulnerabilität in High Reliability Organisationen – Vorläufige Ergebnisse einer Studie in der Luftfahrtindustrie. *SFU Forschungsbull, 4*(2), 1–16.

Roederer, J. D. (2011). Konzeptionelle Grundlagen und Entwicklung des Untersuchungsmodells zum Einfluss der Topmanagerpersönlichkeit auf den Unternehmenserfolg (Studie 1). In R. Stock-Homburg & J. Wieseke (Hrsg.), *Der Einfluss der Persönlichkeit von Topmanagern und der Unternehmenskultur auf den Unternehmenserfolg* (S. 17–64). Wiesbaden: Gabler.

Semling, C., & Ellwart, T. (2016). Entwicklung eines Modells zur Teamresilienz in kritischen Ausnahmesituationen. Gruppe. Interaktion. Organisation. *Zeitschrift für Angewandte Organisationspsychologie (GIO), 47*(2), 119–129.

Tewes, R. (2015). *Führen will gelernt sein! Führungskompetenz ist lernbar* (S. 83–97). Berlin: Springer.

Wickert, N., & Meents, A. (2020). Resilienz – Die innere Widerstandskraft. *Zeitschrift für Psychodrama und Soziometrie, 19,* 1–5.

Wustmann, C. (2005). Die Blickrichtung der neueren Resilienzforschung. Wie Kinder Lebensbelastungen bewältigen. *Zeitschrift für Pädagogik, 51*(2), 192–206.

Risikokapital, Gesundheit und Zukunftsperspektiven

5

Im Feld der Innovationsförderung sind finanzstrategische Entscheidungen ein Teil des Erfolgskonzeptes. Wenn Risikokapital für neue innovative Unternehmensgründungen fehlt und auch bei Finanzierungsrunden die Folgeinvestments ausbleiben, ist auch das innovativste Start-Ups schnell am Ende. Zunehmend werden deutsche und europäische Start-Ups von ausländischen Unternehmen und Finanzfirmen aufgekauft. Das ist eine weitere Front, an der wir wachsam bleiben müssen. Unsere klugen Köpfe müssen im Rahmen der Innovationsförderung problemlos Risikokapital akquirieren können.

5.1 Risikokapital für Innovationen

Risikokapital wird von Investoren bereitgestellt, die bewusst in dieser Anlageklasse unterwegs sind und nach hohen Risiken suchen. Die Balance bei Risiken und Chancen spricht unterschiedlichste Anleger an. Das Spektrum geht von „Sparbuchsparern", die kein Risiko eingehen möchten, bis zu eben Anlegern, die, um potenziell hohe Renditen zu erzielen, ganz bewusst ein hohes Risiko eingehen wollen. Bei Investments in Start-Ups ist der Totalverlust ein realistisches Szenario. Somit sind Risikokapitalgeber, ob in Form von Einzelpersonen, Investmentfonds oder Unternehmen, immer auch Innovationsförderer. Risikokapital ist immer auch eine Investition in die Zukunft.

Gesellschaftlich betrachtet gibt es keinen Fortschritt, wenn Unternehmen, Investmentgesellschaften oder Einzelpersonen keine Risiken eingehen. Es ist eine fast schon philosophische Frage, wie viel Risikobereitschaft eine Gesellschaft braucht, gerade wenn man als etabliertes Industrieland wie Deutschland bereits hohe Standards und ein hohes Gesamtniveau im internationalen Vergleich erreicht

© Der/die Herausgeber bzw. der/die Autor(en), exklusiv lizenziert durch
Springer Fachmedien Wiesbaden GmbH, ein Teil von Springer Nature 2020
P. Plugmann, *Innovationsförderung für den Wettbewerb der Zukunft*,
https://doi.org/10.1007/978-3-658-30127-9_5

hat. Was sollte jetzt noch die Motivation sein, sich finanziell teilweise hohen Risiken auszusetzen und Risikokapital bereitzustellen?

Zu diesem Themenkomplex hat McKinsey & Company in einer Studie (2018) zum Thema „Warum Deutschland nur einen Tech-Titanen hat" sehr detailliert Stellung genommen. Dort heißt es, ohne deutsche Tech-Titanen riskiert Deutschland seine globale wirtschaftliche Relevanz. Um zu den USA aufzuschließen, seien laut dieser Studie zusätzlich 20 Mrd. US$ Risikokapital erforderlich. Speziell zu Kapital steht dort: „2017 wurde in Deutschland mit ca. 3 Mrd. USD rund achtmal weniger Wagniskapital pro Kopf investiert als in den USA – genug, um vorhandene junge Unternehmen zu finanzieren, jedoch nicht genug, um neue Tech-Titanen hervorzubringen." Auch wenn Technologieunternehmen hierzulande derzeit nicht unterfinanziert seien, verringere der große Abstand zu anderen Ländern wie den USA und China die Chancen auf die Entwicklung von Tech-Titanen. Vergleichsweise kleine Tech-Ökosysteme wie Deutschland sei nicht in der Lage, eine ausreichende Anzahl an Unicorns hervorzubringen (Technologieunternehmen mit einer Bewertung von mehr als 1 Mrd. USD), die das Potenzial zum späteren Tech-Titanen haben.

Somit ist die Notwendigkeit formuliert, neben der Förderung junger Innovations-Start-Ups auch das Ziel zu verfolgen, einige „Tech-Titanen" zu schaffen, um der langfristigen Dominanz der USA und China entgegenzutreten. Es ist eine langfristige Strategie.

Schaut man in unsere Gesetzgebung im Bereich Kapital und Investments, so lässt sich aus dem Kapitalanlagegesetzbuch (KAGB) ableiten, dass das Kapitalmarktrecht, Börsengesetz, Depotgesetz, Wertpapierhandelsgesetz und Wertpapierprospektgesetz auch gerade für Investmentgesellschaften und Investmententscheidungen sehr viele rechtliche Hürden beinhalten. Auch ist die gesellschaftliche Akzeptanz in Zeiten von Negativzinsen bei Banken, sehr hohe Risiken einzugehen, eher als zurückhaltend einzustufen. Wir brauchen aber mehr Risikokapital in Deutschland und eine gesellschaftlich höhere Akzeptanz für diese Anlageklasse. Bei Fachleuten aus der Finanzbranche ist die Portfoliostrategie mit Diversifizierung und einem moderaten Anteil in Venture Capital/Private Equity akzeptiert. Dazu ein Gastkommentar zu **Risikokapital** von Achim Denkel, Mitgründer von CAPinside:

„Risikokapital ist die bevorzugte deutsche Übersetzung des englischen Begriffs Venture Capital, was sich aber auch mit Wagniskapital übersetzen lässt. Warum wird es so genannt? Man investiert in eine Unternehmung, die tatsächlich weder durch Umsatz noch durch materielle Werte in diesem Stadium als solches definiert werden kann, und erwartet mit einer relativ niedrigen Wahrscheinlichkeit einen enorm hohen Erlös bei Verkauf des Unternehmens.

Um im Vorfeld auf eine rechnerische Rendite bei zukünftigem Verkauf zu kommen, betrachtet der professionelle Anleger dabei analytisch den zu akquirierenden Markt, die handelnden Personen, die Geschäftsidee, die Skalierbarkeit der Idee und das dazu notwendige Gesamtkapital.

Es geht nicht zwingend um die Suche des nächsten Einhorns, denn auch hier hat die Realität in den letzten Jahren Einzug erhalten, und man erwartet bei Investition zwar eine Vervielfachung, aber nicht mehr eine Verhundertfachung wie einige Jahre zuvor. Wer sich in diesem Umfeld bewegt, hört schnell von der Geschichte des Zuckerberg-Putzmannes, der aus temporärem Geldmangel in der Startphase des Zuckerberg-Imperiums mit ein paar Aktien bezahlt wurde und heute Multimillionär ist. Dessen Investment war es, auf sein Gehalt zu verzichten, was für ihn gegebenenfalls ein substanzielleres Investment war als das aller Strategen. Weshalb? Das eingesetzte Kapital zu verlieren, ist ein denkbares, realistisches Szenario. Und das bei jedem denkbaren Venture Investment, weshalb wir es gerne als Risikokapital bezeichnen. Venture Investments sind also keinesfalls ein Investment für Jedermann, sondern eignen sich für versierte, wagnisbereite Unternehmercharaktere.

Getrieben durch das derzeitige Kapitalmarktumfeld besteht für Kapitalanleger jeglicher Herkunft natürlich der Bedarf nach Rendite, was die Bereitschaft zu wagnisreichen Investments erhöht und damit auch Investoren an den Tisch bringt, die sich diesem Thema nicht aus Überzeugung nähern, sondern aus Mangel an Alternativen."

5.2 Finanzstrategische Angriffe auf Wertschöpfungsketten

Die Expertenkommission Forschung und Innovation (EFI) untersucht in ihrem Gutachten für 2019 die Bereiche Forschung, Innovation und technologische Leistungsfähigkeit Deutschlands (EFI 2019). Darin heißt es zu Beginn: „Die Bundesregierung hat nach einem verzögerten Start zahlreiche forschungs- und innovationspolitische Pläne für die neue Legislaturperiode vorgelegt." Einige der wichtigsten kommentiert die Expertenkommission in ihrem Gutachen deutlich. In der neuen Hightech-Strategie 2025 habe sich die Bundesregierung erneut zu dem Ziel bekannt, bis zum Jahr 2025 Mittel in Höhe von 3,5 % des Bruttoinlandsprodukts für FuE aufzuwenden. „Die derzeit budgetierten Mittel reichen allerdings nicht aus, um dieses Ziel zu erreichen", so 2019 die Expertenkommission.

Die Expertenkommission drängt nochmals auf die zügige Einführung einer steuerlichen FuE-Förderung, mit Fokussierung auf KMU. Sie empfiehlt der Bundesregierung zudem, die geplante Agentur zur Förderung von Sprunginnovationen mit großen Freiräumen auszustatten. Ohne Unabhängigkeit von politischer Steuerung würde die Agentur die in sie gesetzten Erwartungen nicht erfüllen können.

Neben diesem Hinweis auf Defizite bei der Hightech-Strategie 2025 müssten wir auch verstärkt auf unsere Schlüsseltechnologien und das zunehmende Beteiligungsengagement ausländischer Investoren am deutschen Mittelstand achten. Ein sehr spannender Fernsehbericht des Bayerischen Rundfunks (BR 2019) mit dem Titel „Schluss mit Made in Germany? China kauft den Mittelstand" thematisiert, dass es keinen Industriezweig in Deutschland mehr gibt, in den China nicht investiert ist. Exemplarisch seien in den Industrien Maschinenbau, Robotik, Energietechnik und Medizintechnik ganze Firmen und Belegschaften bereits zu 100 % in chinesischer Hand.

Im November 2018 stand in einem Zeitungsartikel der Zeit (2018), ein aktivistischer US-Hedgefonds habe die jüngste Kursschwäche der Deutschen Bank genutzt und sei bei den Frankfurtern eingestiegen. Somit sind sowohl die USA als auch China bei uns auf Einkaufstour, was nichts Ungewöhnliches ist, weil es sich finanzstrategisch anbietet. Der freie Kapitalmarkt macht es möglich, aber es gibt auch Länder, die damit anders umgehen und im Falle der Veräußerung eines Unternehmens, welche Schlüssel-, Sicherheits- oder Innovationstechnologien beinhaltet, ein Votum nach einer entsprechenden Prüfung des Falles einlegen können.

Auch Indien investiert in Deutschland. Eine Studie von Bertelsmann Stiftung, Ernst & Young GmbH und Confederation of Indian Industry (CII) mit dem Titel „Indische Investitionen in Deutschland, Perspektiven für einen gemeinsamen Wohlstand" (2018) zeigt in der Schlussfolgerung, welche Punkte besonders berücksichtigt werden müssen, um indische Investoren und Mitarbeiter nach Deutschland zu holen. Kernschlussfolgerungen dieser Studie sind, dass die Vermarktung Deutschlands sich stärker auf „weiche" Faktoren wie die erschwinglichen Lebenshaltungskosten und die hohen Standards im Bereich der öffentlichen Sicherheit konzentrieren sollte. Die Studie empfiehlt auch, die Aussicht auf den Zugang zum deutschen Ingenieurwesen und zu deutscher Technologie herauszuarbeiten, da dies ein starkes Motiv für indische Investoren sei. Die Kombination der spezifischen Stärken deutscher Ingenieure mit der Affinität der Inder für den IT-Bereich könnten der Schlüssel für eine fruchtbare Zusammenarbeit sein, insbesondere in einem Umfeld, in dem Kompetenzen im Bereich des Internets der Dinge (IdD) und der Industrie 4.0 zunehmend nachgefragt sind. Die Kooperation mit Indien wird wie folgt beschrieben:

„Die Zusammenarbeit mit führenden indischen IT- und Software-Entwicklern könnte somit zum Erhalt der deutschen Wettbewerbs- und Innovationsfähigkeit und des Lebensstandards in einer Zeit des demographischen Wandels beitragen."

Mit Blick auf die EU wird in der Studie auch festgestellt, dass die pharmazeutische Industrie und andere Sektoren, die in der Europäischen Union stark reguliert sind und in der Vergangenheit Großbritannien als Einfallstor nach Europa nutzten, nach einem „harten" Brexit mit hohen Kosten für die Zulassung ihrer Produkte in der EU-27 oder in Deutschland konfrontiert sein könnten. Die deutsche Regierung sollte daher eine Lösung entwickeln, die die Zulassung aktuell in Großbritannien zugelassener Produkte von Firmen, die ihren Standort nach Deutschland verlegen wollen, erleichtert.

Für die **Zerlegung von Wertschöpfungsketten** eines Wettbewerbers gibt es unterschiedliche Strategien. In Zeiten fehlender Unternehmensnachfolger bleibt manchen Alt-Eigentümern in Deutschland zum Teil nur der Verkauf, ein Management-buy-out oder die Schließung. Das Verkaufen von Unternehmen kann auch Auswirkungen auf die gesamte Wertschöpfungskette haben. Die vertikale oder horizontale Integration von Unternehmen und deren Zulieferer ist immer eine Gesamtbetrachtung. Bei so vielen fehlenden Unternehmensnachfolgern sollten Gründer auch über Unternehmensübernahmen als Alternative zu einem klassischen Start-Ups informiert sein.

Was im letzten angeführten Punkt dieser Studie angesprochen wird, ist die **EU-Politik.** Wir müssen mit Nachdruck und in einer zeitlich überschaubaren Maßnahmenstrategie als vereintes Europa ein Gegengewicht zu China, Indien und USA aufbauen. In der gemeinsamen Bildungs-, Technologie- und Investitionsperspektive liegt das Potenzial, unsere europäische Region als Wirtschaftsstandort mit hohen sozialen Standards konkurrenzfähig aufzustellen und global führend mitzugestalten. Die Innovationen müssen angeschoben werden, auch Infrastrukturen, Bildungsinnovationen und lebenslange Weiterbildungskonzepte sind zu ändern, wenn der globale Wettbewerb unseren Mittelstand auch in 20 Jahren als ernsthaften Wettbewerber wahrnehmen soll. Auch das Gesundheitswesen, welches beitragsfinanziert ist und an der Wirtschaftskraft unseres Landes hängt, wird in der Form, wie wir es heute kennen, die Leistungen nicht unbegrenzt bieten können. Maßnahmen wie Restriktionen von Gesundheitsleistungen, das Absenken der medizinischen Standards und der Aufbau von Wartezeiten für Operationen drohen uns allen, wenn in 10 oder 20 Jahren der Abstieg der internationalen Wirtschaftskraft unseres Landes einsetzt.

5.3   Die unsichtbare Langzeitherausforderung – biologische und synthetische Viren

Bei einer gesamtgesellschaftlichen Risikobetrachtung geht es um Menschenleben, möglicherweise zukünftig global im 7-stelligen Bereich. Viren generell, Pandemien, H1N1-Virus, H5N1-Virus, Ebola-Virus, Coronavirus, multiresistente

Keime und eine potenzielle neue Kriegswaffengattung „biologische und/oder synthetische Viren" bedrohen die Gesundheit der Spezies Mensch möglicherweise zukünftig weltweit. Aus gesundheitlicher Sicht werden wir, ob vor biologischen oder synthetischen Viren, die Bevölkerung präventiv vor diesem Szenario stärker als bisher schützen müssen. Die Herausforderungen haben wir während der noch andauernden Corona-Krise im Jahr 2020 bereits erlebt. Dabei sind strategisch die Entwicklung, Produktion Bereithaltung, geographische Verteilung und die begrenzte Mindesthaltbarkeit von Impfstoffen zu berücksichtigen. Ebenso die Bereitstellung von Schutzmaßnahmen, die im Falle eines solchen Ereignisses durch Krankenhäuser, Praxen und Bürger zu erwarten sind. Es ist nicht auszuschließen, dass in zukünftigen Szenarien Krisen mehrere Jahre dauern könnten. Niemand kann in die Zukunft sehen, aber „alles Menschenmögliche" bedeutet auch, bessere Szenariokonzepte zu erarbeiten und die Kosten zum Schutz der Bevölkerung zu kommunizieren. Die wirtschaftlichen und sozialen Folgen der Coronavirus-Pandemie konnten alle in den Nachrichten sehr gut verfolgen. Durch die globale Vernetzung von Handel und Produktion müssen wir auch von der Weltgesundheitsorganisation eine globale Strategie erwarten dürfen. Eine europäische Gesamtstrategie ist selbstverständlich.

   Die Unternehmen für gegenwärtige und zukünftige Impfstoffe sind bei Innovationen besonders förderungswürdig. Die Innovationsförderung von Unternehmen für Impfstoffe ist auch als europäische Gesamtaufgabe einzuordnen, denn ein Ausbruch einer Virenepidemie in einem der Mitgliedsstaaten kann an der Ausbreitung nur durch eine europäische Gesamtleistung mit vorher dafür aufzubauender Infrastruktur und festgelegten Prozessen erfolgreich verhindert werden. In Zeiten, wo jeder Punkt der Erde von überall mit dem Flugzeug oder Schiff erreichbar scheint, müssen wir auch mit der Einreise biologischer oder synthetischer Risikofaktoren rechnen.

   Erschwerend kommt hinzu, das sieht man an den unterschiedlichen Reaktionen der Bevölkerung bei uns bei der Thematisierung der Masern-Impfpflicht im Jahr 2019, dass die grundsätzliche Akzeptanz für Impfungen geteilt ist.

5.3.1 Geschichte der Viren

Im Jahr 1918–1920 gab es eine Influenzapandemie, die sog. „Spanische Grippe", die laut internationalen wissenschaftlichen Publikationen (Jefferey Taubenberger et al. 2005) global bis zu 50.000.000 Tote forderte. Hier sei der Faktor „Letalitätsrate (sog. Sterblichkeitsrate)" zu berücksichtigen. Dieses Virus hatte mit 1,5–2 % Letalität aller Infizierten, was sich erstmal sehr gering anhören mag, trotzdem 50 Mio. Menschenleben gefordert (Johnson und Mueller 2002). Bei einer Legalitätsrate von 15–20 %

wären es eine halbe Milliarde und bei 50 % schon fast knapp 2 Mrd. Menschen gewesen (Tumpey et al. 2005).

Frieder N. C. Bauer (2015) schreibt in seiner Dissertation „Die Spanische Grippe in der deutschen Armee 1918: Verlauf und Reaktionen" an der Medizinischen Fakultät der Heinrich-Heine-Universität Düsseldorf über die hohe Letalität und das ungewöhnliche Altersprofil der Todesopfer:

„Die größte offene Frage bezüglich der Spanischen Grippe ist, warum viele Fälle so tödlich verliefen und warum gerade junge Erwachsene so stark davon betroffen waren. Der amerikanische Autor John M. Barry geht davon aus, dass die jungen Todesopfer der Pandemie vor allem an einer Überreaktion ihres eigenen Immunsystems auf das Virus starben." Bauer (2015) hebt in seiner Dissertation heraus, dass im Alter, wo die menschliche Immunabwehr gewöhnlicherweise am stärksten ist, die heftige Reaktion des Körpers auf das neue Grippevirus zu einer massiven Schädigung des Lungengewebes geführt habe, sodass die jungen Menschen schließlich an einem durch die Influenzapneumonie ausgelösten ARDS („acute respiratory distress syndrome") starben.

Dies zeigt, dass die Sichtweise, nur Kinder oder ältere Menschen wären aufgrund eines möglicherweise geschwächten Immunsystems anfällig, eine falsche Risikobetrachtung ist. Opfer waren Menschen mit den widerstandsfähigsten Immunsystemen weltweit. Die später folgenden Grippen, in Russland und Asien, sicher vielen in Erinnerung die „Schweinegrippe" oder „Vogelgrippe", veränderten das Bewusstsein in der Wissenschaft, tierische Viren könnten dem Menschen nichts anhaben. Ganz im Gegenteil, es wurde klar, dass eben von Vögeln und Schweinen Viren auf den Menschen übertragen werden können. Des Weiteren konnten Mischviren aus tierischen und menschlichen Bestandteilen nachgewiesen werden. Die Industrie läuft den Viren quasi hinterher, und bei einer mehrmonatigen Herstellungzeit für Impfstoffe ist die frühe Detektion einer Ausbreitung erfolgsentscheidend. Der Ausbruch des Ebola-Virus in Westafrika in den Jahren 2014–2016 kostete insgesamt knapp 12.000 Menschenleben (CDC 2016). Es wurden auch einzelne wenige Sekundärinfektionen in den USA und Italien berichtet. Sicher ist die Gesundheitsversorgung in Europa im Jahr 2020 auf einem so hohen Niveau und die Kommunikationsmöglichkeiten so eng und gut vernetzt, dass man nicht in eine Grippen-Pandemie-Panik verfallen muss, aber man muss sich für eine stärkere Innovationsförderung der Unternehmen, die Impfstoffe entwickeln, produzieren und bereithalten, einsetzen. Zusätzlich gehören in ein solches „biologisches Bedrohungsszenario" das Gesamtpaket mit Desinfektionsmitteln, Handschuhen, wirksamen Mundschutzartikeln, Krankenhauskapazitäten, Nahrungsmittelstrategien und einer Klärung, wer im Falle einer Absage von Tausenden von Veranstaltungen weltweit die Kosten trägt. Man lernt natürlich aus jeder Katastrophe, jedoch muss eine Gesellschaft für den Schutz des Lebens der gesamten Bevölkerung Vorkehrungen treffen. Die aktuellen Geschehnisse von China bis Europa im Umgang und der Begegnung des Coronavirus offenbarten eine gewisse Hilflosigkeit auf allen Seiten. Menschen mussten mehrere Wochen zuhause bleiben, die Regelungen für Veranstaltungsabsagen wurden spät und selektiv (ab 1000 Teilnehmern) festgelegt und die im Gesundheitswesen Tätigen konnten weder wirksamen Mundschutz, Desinfektionsmittel noch Kittel nachbestellen. Wir werden ab jetzt sicher besser vorbereitet einem solchen Szenario begegnen. Wir werden mit Pandemien immer wieder Erfahrungen sammeln. Ein größeres Zukunftsproblem sind jedoch absichtlich freigesetzte synthetische oder biologisch-synthetische Viren, dazu mehr im Folgenden. Diese Entwicklungen werden uns in den nächsten Jahrzehnten einem wirklichen Stresstest aussetzen.

5.3.2 Spezies Mensch als Angriffsziel – Innovationsförderung überlebenswichtig

Die US-amerikanische Wissenschaftlerin für Medizinische Anthropologie Monica Schoch-Spana (2000) bringt bereits vor 20 Jahren in ihrem Artikel „Implications of Pandemic Influenza for Bioterrorism Response" Bioterrorismus der Zukunft mit Viren in Verbindung. Die Herstellung synthetischer oder biologisch-synthetischer Viren in Garagen, Privatlaboratorien oder gar in Räumen auf einem Hochschulcampus mag aus heutiger Sicht wie Science Fiction klingen, ist aber theoretisch in Zukunft bei entsprechender Fachkompetenz, technischer Ausstattung und hoher Eigenmotivation machbar.

Die „German Association for Synthetic Biology" berichtet 2018 über das Konsenspapier „Biodefense in the Age of Synthetic Biology" und worum es sich dabei handelt: „Unter dem Titel „Bioverteidigung in der Ära der Synthetischen Biologie" haben die drei nationalen Akademien für Wissenschaft, Ingenieurwesen und Medizin der USA (National Academies of Sciences, Engineering and Medicine, 2018) einen gemeinsamen Bericht veröffentlicht. Dieser evaluiert das Bedrohungspotenzial, das in Zukunft von der Synthetischen Biologie im Zusammenhang mit anderen Technologien ausgehen kann. Er kommt zu dem Ergebnis, dass die Gefahr nicht akut ist, aber dennoch Vorsicht geboten sei." Der o. g. Report weist 3 Gefahrenbereiche durch Missbrauch der Synthetischen Biologie aus:

„…umfassende Bewertung der Nutzung von Biowaffen, die in der Zukunft durch Missbrauch der Synthetischen Biologie hergestellt werden könnten. Die Bedrohungen wurden in drei grundlegende Bereiche unterteilt. Der erste Bereich umfasst die Pathogene."

Unter diesem Begriff verstehe man, so der Bericht, Bakterien, Pilze und Viren, die Krankheiten im Mensch hervorrufen können. Gefährliche Pathogene, wie z. B. das Pestbakterium oder das Ebola-Virus könnten in Laboren synthetisch hergestellt werden. Zusätzlich könnten Pathogene gefährlicher gemacht werden, indem ihnen z. B. zusätzliche Resistenzen eingebaut werden könnten oder ihr Stoffwechsel optimiert würde. Kombiniert man diese beiden Vorgehensweisen, so könnten in der Zukunft auch komplett neue Pathogene designt und konstruiert werden. Das wäre sogar noch schwieriger zu bewerkstelligen, und das Resultat wäre wohl an sich weniger gefährlich als viele bereits existierende Pathogene. Allerdings, so der Bericht, müssten für diese Pathogene erst neue Detektions- und Behandlungsmethoden entwickelt und getestet werden. Der Bericht hebt hervor: „Und kein Krankheitsausbruch ist so gefährlich wie der, der auf ein unvorbereitetes Gesundheitssystem trifft."

Ein zweiter Bereich laut Konsensuspapier sei die Produktion toxischer Stoffe durch Mikroorganismen: „Der zweite Bereich seien ‚Giftige Stoffe' wie Botulinumtoxin oder Aflatoxine, die von Bakterien und Pilzen natürlich hergestellt werden."

Synthetische Organismen könnten solche Toxine einfacher bzw. besser produzieren. Daneben könnten Organismen auch gefährliche Chemikalien produzieren, die normalerweise nicht in Organismen produziert werden. In beiden Fällen wären die entstehenden Produkte wohlbekannt. Jedoch, so der Bericht, könnte ihre Produktion durch die Synthetische Biologie einfacher und eventuell kostengünstiger gemacht werden. Daneben könnte die neue biologische Produktion von Chemiewaffen bestehende Gesetze und Überwachungen von Chemiewaffen umgehen.

Schließlich wird der dritte Gefahrenbereich wie folgt beschrieben: „Der letzte Bereich befasst sich mit der Erzeugung dauerhafter Veränderungen im Menschen."

Unter dieser Bezeichnung vereinigen sich laut Konsensuspapier zwei Subkategorien. Erstens kann das menschliche Genom durch Eingriffe verändert werden. Dies wird in der sogenannten Gentherapie angewendet, um Erbkrankheiten zu heilen. „Diese Methode könnte man pervertieren, um so Erbkrankheiten oder andere Defizite in gesunden Menschen einzubringen."

Zweitens können synthetische Bakterien die Mikrobenpopulationen des Menschen schädigen. Betont wird im Bericht, dass sich an vielen Stellen des menschlichen Körpers Mikroorganismen ansiedeln und die Darmflora, welche für die Verdauung essenziell ist, eine Schlüsselrolle einnimmt. Synthetische

Mikroorganismen könnten so beschaffen sein, dass sie sich über die Essensauf-
nahme im Darm ansiedeln und dort andere Mikroorganismen verdrängen. Dies
alleine könnte bereits zu Verdauungs- und anderen Problemen führen. Zusätzlich
könnten diese Bakterien dann noch Schadstoffe produzieren, welche über den
Darm direkt ins Blut aufgenommen werden würden, so die Darlegung in diesem
Papier.

Dies ist somit auch ein Zukunftsmarkt, in dem Deutschland techno-
logisch aufgrund seiner Position in der globalen Spitzengruppe für Produktion,
Ingenieurwissenschaften und hoffentlich dann auch in Künstlicher Intelligenz
(KI) führend sein kann. Es zeigt auch, wie die Bereiche Gesundheit & Pflege,
Medizin, Genetik, KI, Ingenieurwissenschaften, Automatisierung, Smart Factory,
Robotik, Nanotechnologie und Big Data verschmelzen. Es ist durchaus denk-
bar, dass Unternehmen, die heute schwerpunktmäßig in der Automatisation,
Produktion und Ingenieurwissenschaft tätig sind, sich in den nächsten 20 Jahren
zu einem Gesundheitsdienstleister transformieren, von der synthetischen Bio-
logie, über den 3D-Druck von Zellen und Organen bis hin zur personalisierten
Medizin einschließlich Genetik und Mikrorobotik. Das bedeutet für die Politik,
eine Innovationsförderung zu führen, die den Unternehmen auch finanziellen
Spielraum für experimentelle Projekte bietet, die möglicherweise erst in ferner
Zukunft positive Deckungsbeiträge generieren werden, aber dafür sorgen können,
dass unsere Industrien auch in 20–30 Jahren technologisch global führend
bleiben.

Gleichzeitig bauen wir mit den Kompetenzen in diesen Bereichen eine
nationale Verteidigungsmöglichkeit für die Risiken auf, die in Zukunft auf uns
zukommen. Ein Vorgeschmack bieten bereits heute die Auswüchse der Computer-
viren mit den tausendfachen täglichen Angriffen auf Infrastrukturen (Black-out,
Überhitzung von Generatoren, Straßenampeln usw.), persönliche Computer (Ver-
schlüsselung von Dateien, Erpressung usw.) und Wirtschaftsspionage (Abgreifen
von Forschungsergebnissen, Prozessbeschreibungen, Kundendaten, Einkaufs-
konditionen, Technologien usw.).

DiEuliis (2019) beschreibt die negativen Auswirkungen der Synthetischen
Biologie auf die nationale Sicherheit. Da können wir quasi nach Gründung der
„Cybersecurity-Sektion" der Bundeswehr direkt die nächste Sektion gründen,
denn es ist eine Angelegenheit der nationalen Sicherheit. Die Aspekte von Bio-
sicherheit und Bioterrorismus sind Gefahren, die im Rahmen des Fortschrittes der
Gentechnikverfahren bei Organismen in Zukunft einkalkuliert werden müssen
(Gómez-Tatay und Hernández-Andreu 2019).

5.3.3   Problematik bei der Bewertung und Bepreisung von Leben auf dem Prüfstand

Eine allumfassende Pandemieprävention oder der Schutz vor Missbrauch Synthetischer Biologie sind mit hohen Kosten verbunden. Den Umfang der Vorkehrungen muss jede Volkswirtschaft für sich selbst entscheiden, jedoch scheint eine internationale Regelung die einzig vernünftige Lösung zu sein. Die Kalkulation, wie viel Investitionen legitim und vertretbar sind, werden von Expertengremien, Wissenschaft und Politik gemeinsam eingeschätzt. Doch wie man es auch drehen mag, in dem zugrundeliegenden Algorithmus zur Risiko- und Investitionseinordnung muss zur Berechnung der Variable „1 Menschenleben" ein mathematischer Wert zugeordnet werden, um überhaupt irgendeine Art der Kalkulation durchführen zu können.

Da frage ich Sie als Leser: „Was ist Ihr Leben wert?". Man könnte immer weiter gehen: „Was ist das Leben Ihrer Eltern, Großeltern oder Kinder wert, und wie ist es mit den Nachbarn, was ist deren Leben wert?". Wonach bewertet und bepreist die Gesellschaft ein Menschenleben? Eine kaum zu beantwortende Frage.

Als ich am 31.10.2019 am Max-Planck-Institut (MPI) für Sozialrecht und Sozialpolitik in München einen einstündigen Vortrag zur Gestaltung von Innovationsumgebungen im Gesundheitswesen hielt, sprach ich auch über die aktuelle Selbstmordrate in Deutschland (ca. 10.000 pro Jahr und damit fast 3-mal höher als alle Verkehrstoten zusammen). Der demographische Wandel, der Fachkräftemangel in der Pflege, der medizinische Fortschritt, der Investitionsstau bei Krankenhäusern und die zunehmende Überbelastung von Pflegern und Ärzten bei der ambulanten und stationären Versorgung der Bevölkerung lassen es als unwahrscheinlich erscheinen, im Bereich der Pandemieprävention oder dem Aufbau technologischer Kompetenz zur Vermeidung des Missbrauchs im Bereich der Synthetischen Biologie große Investitionen zur Innovationsförderung bereitgestellt zu bekommen. Es gibt volkswirtschaftliche Zwänge, und der Druck steigt, die finanzielle Wettbewerbsfähigkeit, bei der Gewinnung globaler Investoren, aufrechtzuerhalten. Trotzdem sind der zukünftige Schutz der Bevölkerung und die dafür notwendigen präventiven Maßnahmen unumgänglich. Es ist letztlich eine Rechtsfrage und der Konsens, den die Gesellschaft zur Beantwortung dieser Frage gemeinsam trifft. Es darf an dieser Stelle angeregt werden, neben technologischen Innovationen ebenso den Fokus auf soziale Innovationen zu legen. Die Frage nach dem Wert des Lebens, dem

im Grundgesetz verankerten Recht auf Leben und körperliche Unversehrt-
heit, als buchhalterische Variable und aus sozialrechtlicher Sicht, werden wir
im gesellschaftlichen Dialog in Zukunft stärker diskutieren und klären müssen,
ansonsten bleibt nur, die Konsequenzen zu ertragen.

Die Innovationsförderung und das Risikomanagement für die langfristige
Prävention vor biologischen oder synthetischen Viren werden teuer. Investiert
man viel in Prävention, und es passiert wenig, meint man, es wäre Geldver-
schwendung gewesen. Die Alternative, wenig für die Prävention zu investieren
und im Katastrophenfall erst durch die Lernkurve zu gehen, wird ebenfalls einen
hohen Preis haben. Somit ist klar: Ob wir Prävention betreiben oder nicht, teuer
wird es auf jeden Fall.

5.4   Zukunftsperspektiven

Die Zeiten ändern sich! Nichts bleibt wie es ist! Die Innovationsförderung für
die Wirtschaft der Zukunft ist ein multidimensionaler Prozess, der nicht nur von
der Politik mitgestaltet und begleitet wird, sondern auch in der Verantwortung
der Unternehmen und jedes Einzelnen in der Gesellschaft liegt. Nur nach mehr
Finanzmitteln zu rufen ist nicht zielführend, es liegt auch an jedem Individuum
und Unternehmen, hier selbst proaktiv tätig zu werden. Wir können auch darüber
diskutieren, ob wir in Deutschland weniger ein Geldproblem haben als möglicherweise vielmehr ein Mentalitätsproblem.

Die Zukunftsszenarien zeigen, dass die anderen Länder auf dem Globus
wirtschaftlich aufholen, und die Auswirkungen auf unsere Gesellschaft sind
absehbar. China und Indien sind mit über 2,5 Mrd. Einwohnern auf dem technologischen und wirtschaftlichen Vormarsch. Die USA dominieren in vielen
digitalen Bereichen die Wirtschaft. Wo werden wir in 20 Jahren stehen? Werden
wir weiter im Spitzenfeld bleiben oder nicht? Wie werden wir die Gesundheitsversorgung, Biosicherheit und Umweltthemen in Zukunft nachhaltig gestalten,
und werden wir unsere ethischen und sozialen Standards langfristig nachhaltig
verteidigen können, auch wenn wir unter Druck geraten? Die Antworten auf
diese und andere Fragen werden unsere Kinder und Kindeskinder liefern müssen,
und unsere Verantwortung ist es, sie darauf kompromisslos offen und mit dem
richtigen Rüstzeug vorzubereiten. Trotz Digitalisierung haben sich die Tugenden
wie Fleiß, Disziplin, Verlässlichkeit und Pünktlichkeit als Grundlage für Erfolg
nicht geändert. Möglicherweise ein guter Zeitpunkt, diese Werte wieder stärker zu
kommunizieren.

Damit die Jugend von heute den Anforderungen der Zukunft standhalten kann, müssen einerseits zeitgemäße, den digitalen Veränderungen angemessene Lernumgebungen (Schule, Hochschule und Unternehmen) gestaltet und andererseits unterstützende Rahmenbedingungen zur Steigerung der psychischen Widerstandsfähigkeit geschaffen werden. Bürokratieabbau auf europäischer Ebene, der Aufbau von Innovationsumgebungen, die Förderung von Gründern, eine Stipendienvergabe, die breiter greift als bisher, und höhere Investitionen in Schlüsseltechnologien sind ein Teil der Innovationsförderung für den Wettbewerb der Zukunft. Ein weiterer Teil sind die Entlastung des Mittelstandes, um im globalen Wettbewerb bestehen zu können, und die Bereitstellung von mehr Risikokapital.

Neben der wirtschaftlichen Zukunftsperspektive müssen wir unsere Gesellschaft fit machen für Spaß am Lernen, eine lebenslange positive Lerneinstellung, die Kompetenz im Umgang mit digitalen Technologien und das Trainieren von Autodidaktik. Die Zukunft, in der Arbeitswelt und privat, wird von stetigen sozialen und technologischen Anpassungen, Veränderungen und neuen Lerninhalten geprägt sein.

Literatur

Bauer, F. (2015). *Die Spanische Grippe in der deutschen Armee 1918: Verlauf und Reaktionen.* Dissertation. https://docserv.uni-duesseldorf.de/servlets/DocumentServlet?id=36510 Zugegriffen: 7. Dez. 2019.

Bertelsmann Stiftung. https://www.bertelsmann-stiftung.de/fileadmin/files/user_upload/ Studie_Indische_Investitionen_in_Deutschland_dt.pdf. Zugegriffen: 8. Dez. 2019.

BR, Bayrischer Rundfunk (2019). https://www.br.de/mediathek/video/schluss-mit-made-in-germany-china-kauft-den-mittelstand-av:5d4c94ef62df55001a35ee5b Zugegriffen: 6. Febr. 2020

CDC Centers for Disease Control and Prevention. (2016). Outbreak of Ebola in Guinea, Liberia, and Sierra Leone – Ebola. CDC. https://www.cdc.gov/vhf/ebola/history/2014-2016-outbreak/index.html?CDC_AA_refVal=https%3A%2F%2Fwww.cdc.gov%2Fvhf%2Febola%2Foutbreaks%2F2014-west-africa%2Findex.html. Zugegriffen: 4. Jan. 2020 (englisch).

DiEuliis, D. (2019). Key national security questions for the future of synthetic biology. *Fletcher Forum of World Affairs, 43*, 127.

EFI. https://www.e-fi.de/fileadmin/Gutachten_2019/EFI/EFI_Gutachten_2019.pdf. Zugegriffen: 7. Dez. 2019.

Gómez-Tatay, L., & Hernández-Andreu, J. M. (2019). Biosafety and biosecurity in synthetic biology: A review. *Critical Reviews in Environmental Science and Technology, 49*(17), 1587–1621.

Johnson, N. P. A. S., & Mueller, J. D. (2002). Updating the accounts: Global mortality of the 1918–1920 „Spanish" influenza pandemic. *Bulletin of the History of Medicine, 76*(1), 105–115.

McKinsey. https://www.mckinsey.de/publikationen/2018-12-05---tech-giants-made-in-germany. Zugegriffen: 7. Dez. 2019.

NAP. https://www.nap.edu/catalog/24890/biodefense-in-the-age-of-synthetic-biology.

National Academies of Sciences, Engineering, and Medicine. (2018). *Biodefense in the age of synthetic biology.* National Academies Press. Zugegriffen: 4. Jan. 2020.

Schoch-Spana, M. (2000). Implications of pandemic influenza for bioterrorism response. *Clinical Infectious Diseases, 31*(6), 1409–1413. https://doi.org/10.1086/317493. Zugegriffen: 4. Jan. 2020.

Taubenberger, J. K., et al. (2005). Characterization of the 1918 influenza virus polymerase genes. *Nature, 437,* 889–893. https://doi.org/10.1038/nature04230. Zugegriffen: 4. Jan. 2020.

Tumpey, T. M., et al. (2005). Characterization of the reconstructed 1918 Spanish influenza pandemic virus. *Science, 310*(5745), 77–80. https://doi.org/10.1126/science.1119392. Zugegriffen: 4. Jan. 2020.

Zeit. https://www.zeit.de/news/2018-11/01/us-hedgefonds-steigt-bei-deutscher-bank-ein-181101-99-625236. Zugegriffen: 4. Jan. 2020.

Printed in the United States
By Bookmasters